直方体の体積＝縦×横×高さ

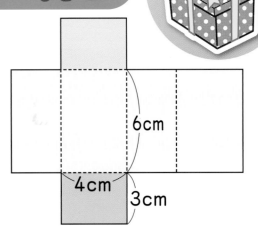

見取図

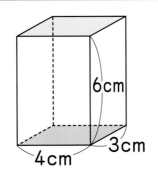

6cm
3cm
4cm

展開図

6cm
4cm
3cm

体積　$3 \times 4 \times 6 = 72 (cm^3)$
縦　横　高さ

角柱の体積＝底面積×高さ

見取図

3cm　4cm
5cm
2cm

展開図

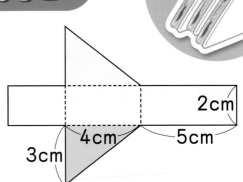

2cm
5cm
4cm
3cm

体積　$(4 \times 3 \div 2) \times 2 = 12 (cm^3)$
底面積　　高さ

JN085444

体積の求め方のくふう① （分けて考える）

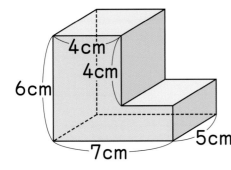

4cm
4cm
6cm
7cm
5cm

→

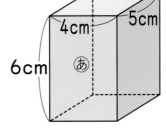

4cm　5cm
6cm
あ

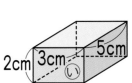

2cm　3cm　5cm
い

体積　$5 \times 4 \times 6 + 5 \times 3 \times 2 = 150 (cm^3)$
あ　　　　　い

単位の復習

体　積

	kL(m³)	L	dL	mL(cm³)
1kL(m³)は	1	1000	10000	1000000
1L は	0.001	1	10	1000
1dL は	0.0001	0.1	1	100
1mL(cm³)は	―	0.001	0.01	1

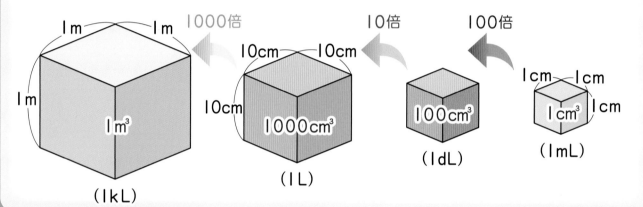

1000倍　　　10倍　　　100倍

1m　1m　1m　1m³　（1kL）

10cm　10cm　10cm　1000cm³　（1L）

100cm³　（1dL）

1cm　1cm　1cm³　1cm　（1mL）

重　さ

	t	kg	g	mg
1t は	1	1000	1000000	1000000000
1kg は	0.001	1	1000	1000000
1g は	0.000001	0.001	1	1000
1mg は	―	0.000001	0.001	1

1000倍　　　1000倍　　　1000倍

1000kg（1t）

1kg

1g

1mg

メートル法　単位の前につける大きさを表すことば

	キロ k	ヘクト h	デカ da		デシ d	センチ c	ミリ m
ことばの意味	1000倍	100倍	10倍	1	$\frac{1}{10}$倍	$\frac{1}{100}$倍	$\frac{1}{1000}$倍
長 さ	km			m		cm	mm
面 積		ha		a			
体 積	kL			L	dL		mL
重 さ	kg			g			mg

面 積

	km²	ha	a	m²	cm²
1km² は	1	100	10000	1000000	—
1ha は	0.01	1	100	10000	100000000
1a は	0.0001	0.01	1	100	1000000
1m² は	0.000001	0.0001	0.01	1	10000
1cm² は	—	—	0.000001	0.0001	1

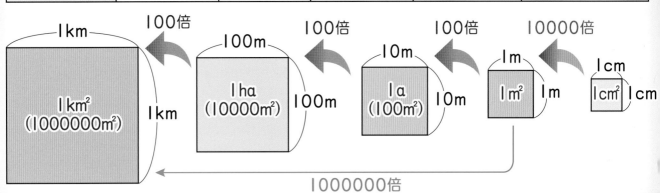

体積と展開図

立方体の体積＝１辺×１辺×１辺

見取図

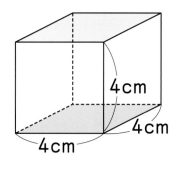

4cm
4cm
4cm

展開図

4cm
4cm
4cm

体積　$4 × 4 × 4 = 64 (cm^3)$
　　　 １辺　１辺　１辺

円柱の体積＝底面積×高さ

見取図

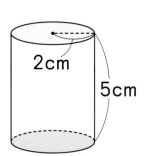

2cm
5cm

展開図

2cm
5cm

体積　$2 × 2 × 3.14 × 5 = 62.8 (cm^3)$
　　　　底面積　　　　高さ

体積の求め方のくふう ② （ひいて考える）

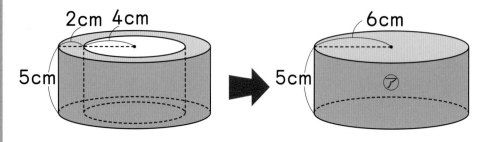

2cm 4cm
5cm

6cm
5cm　㋐

4cm
5cm　㋑

体積　$6 × 6 × 3.14 × 5 - 4 × 4 × 3.14 × 5 = 314 (cm^3)$
　　　　　㋐　　　　　　　　㋑

教科書ワーク もくじ

大日本図書版 算数6年

  コードを読みとって、下の番号の動画を見てみよう。

① 対称な図形
② 線対称な図形
基本のワーク

教科書　16〜22ページ　　答え　1ページ

基本1　対称な図形はどのような図形ですか。

☆ 線対称な図形と点対称な図形を選びましょう。

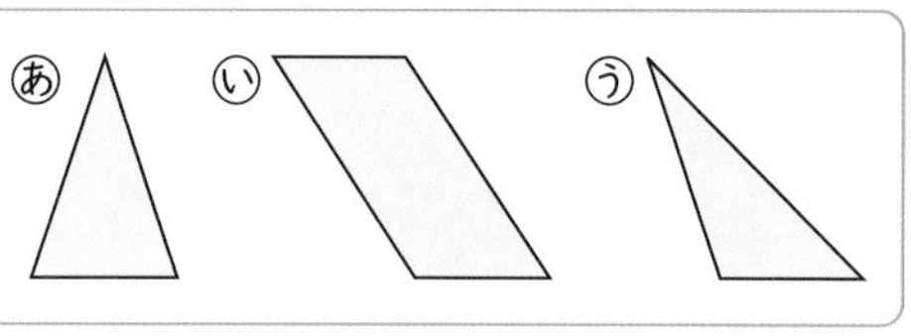

あ　　い　　う

とき方　　□□□□　な図形は、1つの直線を折り目にして2つに折ったとき、折り目の両側の部分がぴったり重なります。あ〜うのうち、2つに折ってぴったり重なるのは□□□□です。

□□□□　な図形は、1つの点を中心に180°回したとき、もとの図形にぴったり重なります。あ〜うのうち、180°回してぴったり重なるのは□□□□です。

あ　→　い　O　→　O

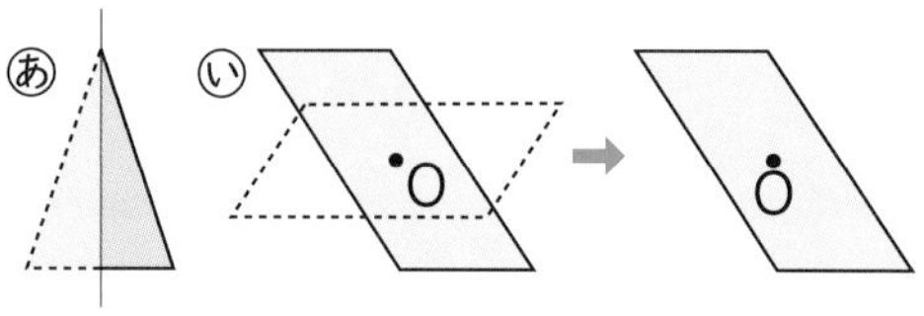

答え　線対称な図形…□□□□、点対称な図形…□□□□

たいせつ

線対称な図形を2つに折ったとき、折り目にした直線を**対称の軸**といいます。また、点対称な図形を回すときの中心を**対称の中心**といいます。

対称の軸

対称の中心

---

1 右の図形は、線対称な図形と点対称な図形のどちらですか。

📖 教科書　17ページ1

(　　　　　　　)

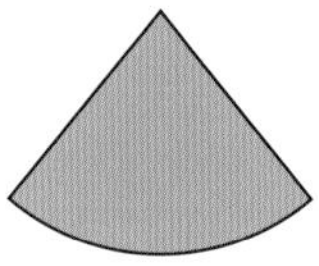

基本2　線対称な図形の対応する点、辺、角がわかりますか。

☆ 右の図は対称の軸を直線アイとした線対称な図形です。次のそれぞれに対応する点、辺、角を答えましょう。
❶ 頂点A　　❷ 辺CD　　❸ 角F

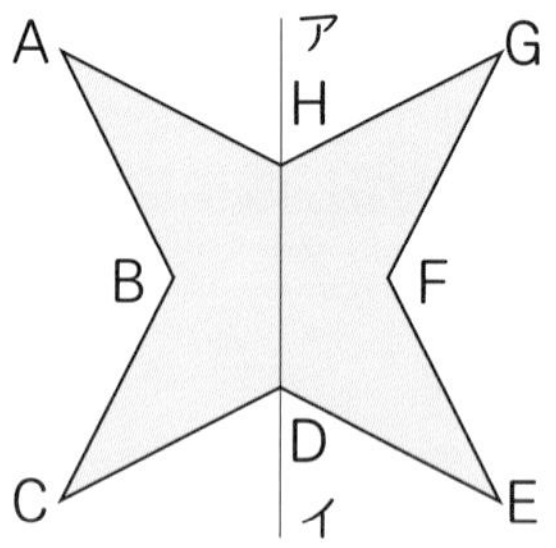

とき方　　線対称な図形での対応する点、対応する辺、対応する角とはそれぞれ、対称の軸で折ったとき、重なり合う点、辺、角をいいます。図形を2つに折ると、右下の図のようになります。

❶ 頂点Aは頂点Gに重なっています。
❷ 辺CDは辺□□□に重なっています。
❸ 角Fは角□□□に重なっています。

答え　❶ 頂点□□□　❷ 辺□□□　❸ 角□□□

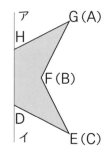

たいせつ

対応する辺の長さ、対応する角の大きさは、それぞれ等しくなっています。

さんすうはかせ　線対称な図形の対称の軸は1本とは限らないよ。

② 右の図は線対称な図形です。
❶ 頂点Dに対応する頂点を答えましょう。（　　　　　　　）
❷ 辺GFの長さは何cmですか。（　　　　　　　）
❸ 角Bの大きさは何度ですか。（　　　　　　　）

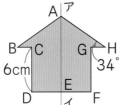

基本 ③ 線対称な図形と対称の軸の関係がわかりますか。

⭐ 右の図は線対称な図形です。
❶ 直線BFと対称の軸アイの関係を答えましょう。
❷ 直線CHの長さが4cmのとき、直線EHの長さは何cmですか。

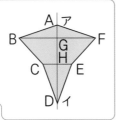

とき方 線対称な図形では、対応する点を結ぶ直線と対称の軸は垂<ruby>直<rt>すい</rt></ruby>です。また、交わる点から対応する点までの長さは等しくなっ<ruby>ています<rt>ちょく</rt></ruby>。

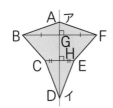

❶ 点Bと点Fは対応する点なので、直線BFと対称の軸アイは
　□　です。
❷ 点Cと点□も対応する点なので、直線CHと直線EHの
長さは等しいです。　**答え** ❶ □に交わっている。　❷ □cm

③ 右の図は線対称な図形です。対称の軸をかきましょう。
教科書 21ページ②

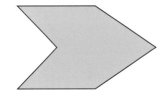

基本 ④ 線対称な図形をかくことができますか。

⭐ 右の図は、直線アイを対称の軸とする線対称な図形の半分です。線対称な図形を完成させましょう。

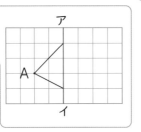

とき方 頂点Aに対応する頂点をかきます。対応する頂点は、頂点Aから対称の軸アイと垂直に交わる直線をひき、対称の軸と交わる点から長さが等しくなるようにとります。それぞれの点を結ぶと線対称な図形になります。　**答え** 上の図に記入

🐟 **たいせつ**

対応する点を結ぶ直線は対称の軸と垂直に交わります。この交わる点から対応する点までの長さは等しくなることを利用しましょう。

④ 直線アイが対称の軸になるように、線対称な図形を完成させましょう。
教科書 22ページ③

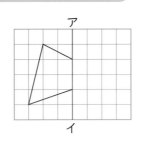

📍**ポイント**　図形の対称の種類には、線対称や点対称などがあります。

学習の目標・
対称な図形のうち、点対称な図形についておぼえよう！

③ 点対称な図形

基本のワーク

教科書 23〜25ページ　　答え 1ページ

基本 1 点対称な図形の対応する点、辺、角がわかりますか。

☆ 右の図は、点Oを対称の中心とする点対称な図形です。
次のそれぞれに対応する点、辺、角を答えましょう。
① 頂点A　　② 辺CD　　③ 角F

とき方　点対称な図形での、対応する点、対応する辺、対応する角はそれぞれ、対称の中心のまわりに180°回したとき、重なり合う点、辺、角をいいます。図形を点Oを中心に180°回すと、右の図のようになります。

① 頂点Aは頂点[　]に重なっています。
② 辺CDは辺[　]に重なっています。
③ 角Fは角[　]に重なっています。

答え ① 頂点[　]　② 辺[　]　③ 角[　]

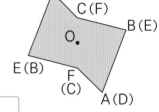

たいせつ
対応する辺の長さ、対応する角の大きさはそれぞれ等しくなっています。

1 右の図は、点Oを対称の中心とする、点対称な図形です。
① 頂点Bに対応する頂点を答えましょう。（　　　　）
② 辺BCの長さは何cmですか。（　　　　）
③ 角Dの大きさは何度ですか。（　　　　）

教科書 23ページ 1

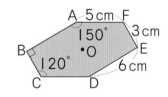

基本 2 点対称な図形と対称の中心の関係がわかりますか。

☆ 右の図は、点Oを対称の中心とする点対称な図形です。
① 直線AD、BE、CFはどこで交わりますか。
② 直線OAの長さが3cmのとき、直線ODの長さは何cmですか。

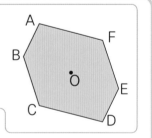

とき方　点対称な図形では、対応する点を結ぶ直線は対称の中心を通ります。また、対称の中心から対応する点までの長さは等しくなっています。

① 点Aと点D、点Bと点[　]、点[　]と点Fはそれぞれ対応する点なので、直線AD、直線BE、直線CFの交わる場所は、対称の中心である点[　]です。

② 点Aと点[　]は対応する点なので、直線OAと直線ODの長さは等しいです。　答え ① 点[　]　② [　]cm

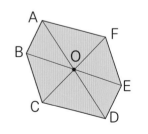

対称の中心をアルファベットのOと書くことが多いよ。円の中心やグラフの縦軸と横軸の交わる点などにもOが使われるんだ。

❷ 右の図は点対称な図形です。 📖教科書 24ページ❷

① 対称の中心 〇 をかきましょう。

② 点アに対応する点イをかきましょう。

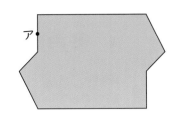

点対称な図形では、対応
する点を結ぶ直線は対称
の中心を通るから…。

基本 3 点対称な図形をかくことができますか。

☆ 下の図は、点 〇 を対称の中心とする点対称な図形の半分です。点対称な図形を完成させましょう。

①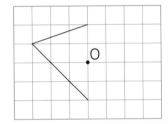

②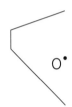

とき方 それぞれの頂点に対応する頂点をかきます。対応する頂点は、頂点から対称の中心 〇 を通る直線をひき、対称の中心 〇 から対応する点までの長さが等しくなるようにとります。それぞれの点を結ぶと点対称な図形になります。

答え 上の図に記入

たいせつ

点対称な図形では、対応する点を結ぶ直線は対称の中心を通り、対称の中心から対応する点までの長さは等しくなることを利用してかきましょう。

❸ 点 〇 が対称の中心となるように、点対称な図形を完成させましょう。 📖教科書 25ページ❸

①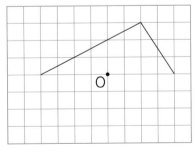

②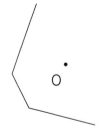

③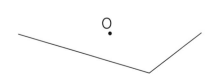

④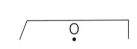

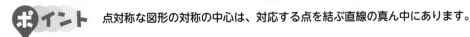

ポイント 点対称な図形の対称の中心は、対応する点を結ぶ直線の真ん中にあります。

④ 多角形と対称

基本のワーク

学習の目標・
多角形の中にも、対称な図形があることを学ぼう！

 教科書 26〜27ページ   答え 2ページ

基本 1 四角形の中で対称な形をしているものがわかりますか。

☆ 次の❶、❷の図形を選び、記号で答えましょう。

❶ 線対称な図形で、対称の軸が4本ある図形

❷ 点対称な図形

ア　平行四辺形　　　　　　　イ　ひし形

ウ　長方形　　　　　　　　　エ　正方形

とき方 ❶　線対称な図形であるかどうかは、対称の軸があるかでわかります。

・対応する点を結び、そのすべての直線に垂直になる直線があるかどうかを調べます。

・対応する点を結んだ直線と、それに垂直な直線の交わる点から対応する点までの長さが等しいかどうかを調べます。

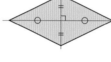

	線対称かどうか	対称の軸の数（本）
平行四辺形	×	0
ひし形	㋐	㋔
長方形	㋑	㋕
正方形	㋒	㋖

❷　点対称な図形であるかどうかは、対称の中心があるかを調べます。

・対応する点を結び、対称の中心になるような１つの点ができるかどうかを調べます。

・その点から対応する点までの長さが等しいかどうかを調べます。

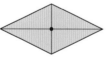

	点対称かどうか
平行四辺形	○
ひし形	㋗
長方形	㋘
正方形	㋙

答え ❶ [　　] 　❷ [　　]、[　　]、[　　]、[　　]

1 **基本 1** と同じように、右の図のような台形の表を完成させましょう。

 教科書 26ページ1

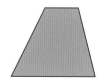

線対称かどうか	対称の軸の数（本）	点対称かどうか

 正多角形は、どれも線対称な図形だよ。
頂点の数が偶数の正多角形は、点対称でもあるよ。

☆ 下のア〜オの正多角形があります。

① 線対称な図形で、対称の軸の本数が奇数のものを全て選びましょう。

② 点対称な図形を全て選びましょう。

ア　正三角形　　イ　正五角形　　ウ　正六角形　　エ　正八角形　　オ　正十角形

とき方　対称の軸、対称の中心をかいて調べます。

① 対称の軸をかくと、下のようになります。

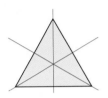 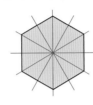

	線対称かどうか	対称の軸の数（本）
正三角形	○	3
正五角形	㋐	㋔
正六角形	㋑	㋕
正八角形	㋒	㋖
正十角形	㋓	㋗

表のあいているらんに○、×や数を書こう。

② 対称の中心をかくと、下のようになります。

	点対称かどうか
正三角形	×
正五角形	㋘
正六角形	㋙
正八角形	㋚
正十角形	㋛

答え ① [　　] ，[　　] 　 ② [　　] ，[　　] ，[　　]

2 円を対称の見方で見るとき、正しいものを次のア〜ウから選び、記号で答えましょう。

ア　線対称であり、点対称でない図形。

📖 教科書 27ページ②

イ　線対称でなく、点対称である図形。

ウ　線対称であり、点対称でもある図形。

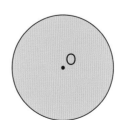

（　　　　　）

ポイント　同じ四角形でも、それぞれの形を対称な形として見ると、それぞれ特ちょうがちがいます。

練習のワーク①

1 対称な図形 次の図形を見て答えましょう。

ア　　　　イ　　　　ウ　　　　エ　　　　オ

❶ 線対称な図形を全て答えましょう。

（　　　　　　　　　）

❷ 点対称な図形を全て答えましょう。

（　　　　　　　　　）

2 線対称な図形 右の図は線対称な図形です。

❶ 対称の軸をかきましょう。

❷ 頂点Bに対応する頂点はどれですか。

（　　　　　　　　　）

❸ 辺CDの長さが8cmのとき、辺HGの長さは何cmですか。

（　　　　　　　　　）

❹ 角Eの大きさが110°のとき、角Fの大きさは何度ですか。

（　　　　　　　　　）

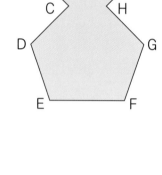

3 点対称な図形 右の図は点対称な図形です。

❶ 対称の中心Oをかきましょう。

❷ 頂点Cに対応する頂点はどれですか。

（　　　　　　　　　）

❸ 辺EFに対応する辺はどれですか。

（　　　　　　　　　）

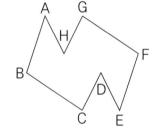

4 線対称な図形のかき方 直線アイが対称の軸になるように、線対称な図形をかきましょう。

1 対称な図形

対称の軸、対称の中心をかいてみよう。

2 線対称な図形
❶対称の軸は、対応する点を結ぶ直線と垂直に交わります。

3 点対称な図形
❶対称の中心は、対応する点を結ぶ直線がすべて交わる点です。

4 線対称な図形のかき方

三角形の頂点から直線アイに垂直な直線をひきます。この直線と直線アイが交わる点から、対応する点までの長さは等しくなります。

できるナビ 対称な図形では、対応する辺の長さや対応する角の大きさは等しいよ。

練習のワーク❷

教科書 16～29ページ 答え 2ページ

1 対称な図形 次の図形を見て答えましょう。

ア **A** イ **C** ウ **H**

エ **K** オ **X** カ **Z**

❶ 線対称な図形で、点対称ではない図形はどれですか。

(　　　　　　　)

❷ 線対称な図形で、点対称な図形でもある図形はどれですか。

(　　　　　　　)

2 線対称な図形 右の図は、直線アイを対称の軸とした線対称な正五角形です。

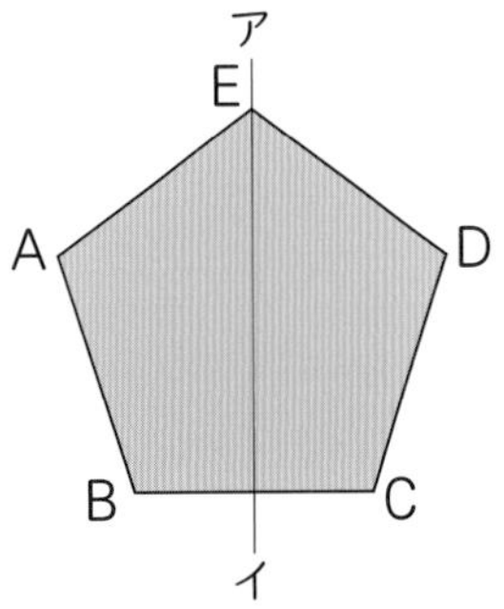

❶ 対応する角を全て答えましょう。

(　　　　　　　　　　　)

❷ 直線アイと直線ADの関係をいいましょう。

(　　　　　　　)

❸ この図形では、直線アイのほかに対称の軸は何本ありますか。 (　　　　　　　)

3 点対称な図形 右の図は、点Oを対称の中心とした点対称な図形です。

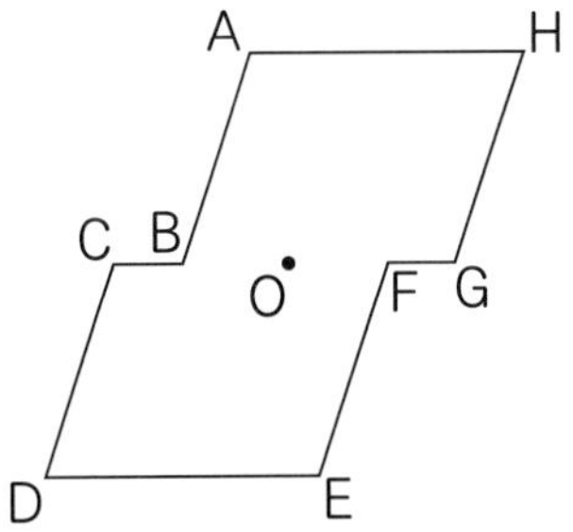

❶ 頂点Cと対応する頂点を答えましょう。

(　　　　　　　)

❷ 対応する点を、それぞれ結んだ直線はどこで交わりますか。 (　　　　　　　)

4 点対称な図形のかき方 点Oが対称の中心となるように、点対称な図形をかきましょう。

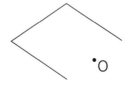

1 対称な図形

❷図形の中には、線対称な図形の特ちょうと、点対称な図形の特ちょうの両方をもったものがあります。

2 線対称な図形

❷線対称な図形の対称の軸は、対応する点どうしを結んだ直線と垂直です。

3 点対称な図形

 ヒント

対応する点どうしを結んだ直線は、対称の中心を通ります。

4 点対称な図形のかき方

それぞれの点から対称の中心へ直線をひきます。
直線の長さは各点から対称の中心までの長さの2倍です。

 点対称な図形をかくときは、はじめに対応する点をとろう。

まとめのテスト

時間 **20**分

得点　/100点

教科書　16〜29ページ　　答え　2ページ

1 次の図形を見て答えましょう。　　　　　　　　　1つ10〔20点〕

ア　　　　　　　イ　　　　　　　ウ　　　　　　　エ

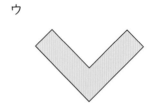
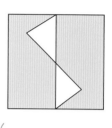

❶ 線対称な図形を全て選びましょう。　　　　　（　　　　　　）

❷ 点対称な図形を全て選びましょう。　　　　　（　　　　　　）

2 よく出る　右の図は、直線アイを対称の軸とした線対称な図形です。　　1つ10〔30点〕

❶ 頂点Cに対応する頂点を答えましょう。　　（　　　　　　）

❷ 辺AHの長さは何cmですか。　　　　　　（　　　　　　）

❸ 角Fの大きさは何度ですか。　　　　　　　（　　　　　　）

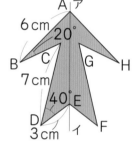

3 直線アイが対称の軸になるように、線対称な図形をかきましょう。また、点Oが対称の中心となるように、点対称な図形をかきましょう。　　　　　　　　　1つ15〔30点〕

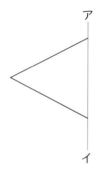
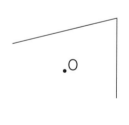

4 次の正多角形を見て答えましょう。　　　　　　　1つ10〔20点〕

ア　　　　　　　イ　　　　　　　ウ　　　　　　　エ

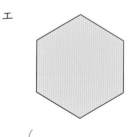

❶ 線対称な図形で、対称の軸が一番多いものを選びましょう。　（　　　　　　）

❷ 点対称な図形を全て選びましょう。　　　　　　　　　　　（　　　　　　）

□ 対称な図形の特ちょうはわかったかな？
□ これまでに学習した図形に、対称をあてはめることはできたかな？

学びのワーク 対称な形をつくろう

教科書 30〜31ページ 　答え 3ページ

基本 ① 対称な形をつくることができますか。

☆ はじめに、正方形の紙を下の図のように折ってから、■のところを切り取ると、どのような形ができますか。図にかきましょう。

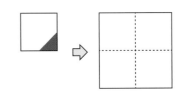

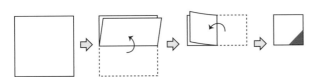

とき方 折り紙をひろげたときに対称になる部分を考えながら、図にかいて考えます。

① まず、横にひろげたときに、対称になる部分を図にかきこみます。

ヒント ✨
横にひろげてできる長方形は、折り目を対称の軸とする線対称な図形になります。

② 次に、縦にひろげたときに、対称になる部分を図にかきこみます。

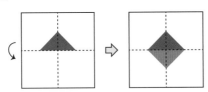

折り目が対称の軸である線対称な図形になるね。

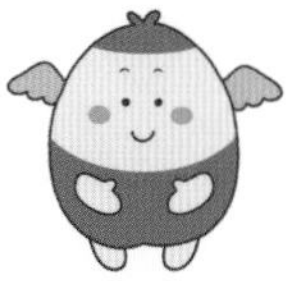

答え 　上の図に記入

① 次の図のように折り紙を折ってから、■のところを切り取ると、どのような形ができますか。それぞれ図にかきましょう。

📖 教科書 31ページ

❶ 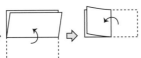 　　❷

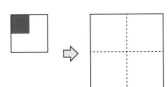　　　　　　

① 分数 × 整数
② 分数 ÷ 整数

基本のワーク

基本 1 分数×整数の計算のしかたがわかりますか。

☆ 高さが $\frac{2}{9}$ m の箱があります。この箱を 4 個積み重ねたときの高さは何 m になりますか。

とき方 $\frac{2}{9} \times 4$ ……… $\frac{1}{9}$ が 2×□ で □つ分

$\frac{2}{9} \times 4 = \frac{2 \times 4}{9} = \boxed{}$

答え □ m

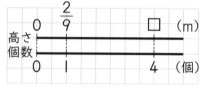

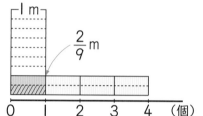

たいせつ
分数に整数をかける計算では、分母はそのままで、分子にその整数をかけます。 $\frac{\triangle}{\bigcirc} \times \square = \frac{\triangle \times \square}{\bigcirc}$

1 計算をしましょう。 📖 教科書 34ページ 1

① $\frac{1}{5} \times 3$　　② $\frac{3}{7} \times 2$　　③ $\frac{2}{11} \times 5$　　④ $\frac{3}{13} \times 4$

基本 2 分数×整数で、約分のしかたがわかりますか。

☆ 計算をしましょう。
① $\frac{2}{9} \times 6$　② $\frac{7}{6} \times 12$

たいせつ
分数の計算では、とちゅうで約分すると計算が簡単になります。

とき方 ① $\frac{2}{9} \times 6 = \frac{2 \times \overset{2}{6}}{\underset{3}{9}} = \boxed{}$

② $\frac{7}{6} \times 12 = \frac{7 \times \overset{2}{12}}{\underset{1}{6}} = \boxed{}$

答え ① □　② □

2 計算をしましょう。 📖 教科書 35ページ 2

① $\frac{1}{8} \times 4$　　② $\frac{5}{9} \times 6$　　③ $\frac{5}{6} \times 2$　　④ $\frac{4}{15} \times 10$

⑤ $\frac{5}{3} \times 9$　　⑥ $\frac{5}{4} \times 12$　　⑦ $2\frac{1}{3} \times 9$　　⑧ $1\frac{2}{7} \times 14$

 **さんすうはかせ** 「腹八分め」ということばがあるね。これは、健康のために、おなかいっぱいを 10 としたら、その 8 分め、つまり $\frac{8}{10}$ くらいに食べる量をひかえようという意味だね。

☆ $\frac{3}{4}$ m の針金（はりがね）を 8 等分すると、1つ分の長さは何 m になりますか。

とき方 《1》 $\frac{3}{4}÷8=\frac{3×8}{4×\boxed{}}÷8=\frac{3×8÷8}{4×\boxed{}}=\frac{3}{4×\boxed{}}=\boxed{}$

《2》 $\frac{3}{4}÷8=\left(\frac{3}{4}×4\right)÷(8×\boxed{})=3÷\boxed{}=\boxed{}$

たいせつ
分数を整数でわる計算では、分子はそのままで、分母にその整数をかけます。 $\frac{△}{○}÷□=\frac{△}{○×□}$

答え $\boxed{}$ m

3 計算をしましょう。

 教科書 36ページ**1** 40ページ**2**

① $\frac{10}{3}÷7$　　② $\frac{8}{7}÷9$　　③ $\frac{9}{7}÷2$　　④ $\frac{18}{11}÷5$

⑤ $\frac{5}{8}÷2$　　⑥ $\frac{4}{9}÷3$　　⑦ $\frac{3}{5}÷4$　　⑧ $\frac{3}{4}÷4$

☆ 計算をしましょう。

① $\frac{9}{4}÷6$　　② $\frac{10}{7}÷2$

とき方 ① $\frac{9}{4}÷6=\frac{\overset{3}{\cancel{9}}}{4×\underset{2}{\cancel{6}}}=\boxed{}$

② $\frac{10}{7}÷2=\frac{\overset{5}{\cancel{10}}}{7×\underset{1}{\cancel{2}}}=\boxed{}$

たいせつ
約分できるときは、とちゅうで約分します。

答え ① 　②

4 計算をしましょう。

 教科書 42ページ**3**

① $\frac{4}{5}÷8$　　② $\frac{15}{4}÷5$　　③ $\frac{7}{2}÷7$　　④ $\frac{8}{3}÷12$

⑤ $\frac{9}{5}÷6$　　⑥ $\frac{10}{9}÷10$　　⑦ $2\frac{2}{9}÷8$　　⑧ $3\frac{11}{7}÷12$

ポイント $\frac{△}{○}×□=\frac{△×□}{○}$、$\frac{△}{○}÷□=\frac{△}{○×□}$

練習のワーク

教科書 **32〜44ページ**　　答え **3ページ**

できた数

/19問中

1 分数×整数 計算をしましょう。

① $\dfrac{1}{8} \times 5$

② $\dfrac{3}{7} \times 2$

③ $\dfrac{4}{9} \times 12$

④ $\dfrac{3}{4} \times 16$

⑤ $\dfrac{10}{3} \times 2$

⑥ $\dfrac{10}{7} \times 3$

⑦ $\dfrac{19}{6} \times 4$

⑧ $2\dfrac{2}{3} \times 6$

1 分数×整数

たいせつ

$\dfrac{\triangle}{\bigcirc} \times \square$

$= \dfrac{\triangle \times \square}{\bigcirc}$

2 分数÷整数 計算をしましょう。

① $\dfrac{1}{6} \div 2$

② $\dfrac{3}{5} \div 4$

③ $\dfrac{9}{13} \div 6$

④ $\dfrac{9}{4} \div 15$

⑤ $\dfrac{12}{11} \div 6$

⑥ $\dfrac{19}{8} \div 5$

⑦ $\dfrac{6}{5} \div 14$

⑧ $3\dfrac{3}{2} \div 9$

2 分数÷整数

たいせつ

$\dfrac{\triangle}{\bigcirc} \div \square$

$= \dfrac{\triangle}{\bigcirc \times \square}$

3 分数と整数のかけ算・わり算の問題 次の問題に答えましょう。

① 1Lのペンキで$\dfrac{27}{8}$m²のかべをぬることができます。このペンキ6Lでは、何m²のかべをぬることができますか。

（　　　　　　　）

約分できるときは、とちゅうで約分しよう。

② 面積が$\dfrac{28}{13}$m²の布があります。この布を14等分すると、1つの布の面積は何m²になりますか。

（　　　　　　　）

③ 4人がジュースを同じ量ずつ飲んだら、$\dfrac{26}{9}$Lのジュースがなくなりました。1人何Lずつ飲みましたか。

（　　　　　　　）

分数と整数のかけ算では分子、わり算では分母に整数をかけるんだよ。

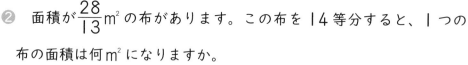

できるナビ　分数×整数➡分母はそのままで、分子に整数をかけます。
分数÷整数➡分子はそのままで、分母に整数をかけます。

まとめのテスト

得点

/100点

教科書 **32〜44ページ** 　答え **3ページ**

1 計算のまちがいを見つけて、正しく計算しましょう。　　　1つ5〔10点〕

① $\dfrac{3}{10} \times 7 = \dfrac{21}{70}$

② $\dfrac{8}{15} \div 3 = \dfrac{8}{5}$

2 よく出る　計算をしましょう。　　　1つ5〔50点〕

① $\dfrac{5}{4} \times 9$

② $\dfrac{7}{8} \times 10$

③ $\dfrac{1}{3} \times 3$

④ $\dfrac{19}{16} \times 8$

⑤ $2\dfrac{3}{14} \times 4$

⑥ $\dfrac{11}{18} \div 5$

⑦ $\dfrac{14}{3} \div 21$

⑧ $\dfrac{8}{5} \div 10$

⑨ $\dfrac{16}{7} \div 4$

⑩ $1\dfrac{4}{17} \div 3$

3 縦が $\dfrac{17}{4}$ cm、横が 6 cm の長方形があります。この長方形の面積は何 cm² ですか。

〔10点〕

(　　　　　　　　　)

4 $\dfrac{20}{9}$ L のみそ汁を 10 人に同じ量ずつ分けます。1 人分のみそ汁は何 L ですか。　〔10点〕

(　　　　　　　　　)

5 2 本で $\dfrac{8}{3}$ L の水が入る同じ形をした水とうがあります。　　　1つ5〔10点〕

① この水とう 1 本では、何 L の水が入りますか。　　(　　　　　　　　　)

② この水とうが 7 本あるとき、水は何 L 入りますか。　(　　　　　　　　　)

6 ある分数を 4 でわる問題で、まちがえて 4 をかけてしまいました。このときの答えは $\dfrac{16}{7}$ になりました。正しい答えを求めましょう。

〔10点〕

(　　　　　　　　　)

ふろくの「計算練習ノート」3〜4ページをやろう！

 チェック ✓　□ 分数×整数の計算のしかたはわかったかな？
　　　　　　　　　□ 分数÷整数の計算のしかたはわかったかな？

学習の目標・
円の面積の求め方を理解して、公式でも求められるようになろう！

① 円の面積

基本のワーク

教科書 45〜52ページ　　答え 4ページ

基本 1 円の面積を求めることができますか。

☆ 半径 10cm の円の面積は、その円の半径を 1 辺とする正方形の面積の約何倍になりますか。

とき方 ① 円の面積の見当をつける

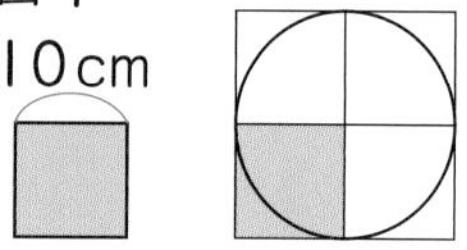

図 1 から、円の半径を 1 辺とする正方形 4 つ分よりも小さいことがわかります。

また、図 2 から、円のなかにぴったり入る正方形は円よりも小さいことがわかります。この円のなかにぴったり入る正方形を図 3 のように移すと、円の半径を 1 辺とする正方形 2 つ分になります。

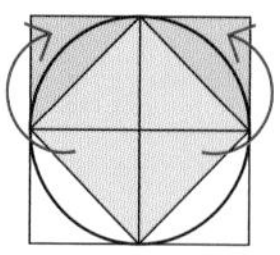

したがって、円の面積の大きさは、その半径を 1 辺とする正方形の [　　] 倍より大きく、[　　] 倍より小さいことになります。

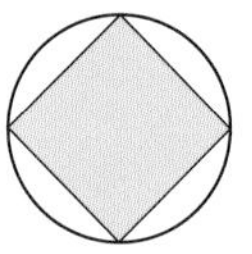

図 1
10cm

図 2　　図 3

② 面積を求める

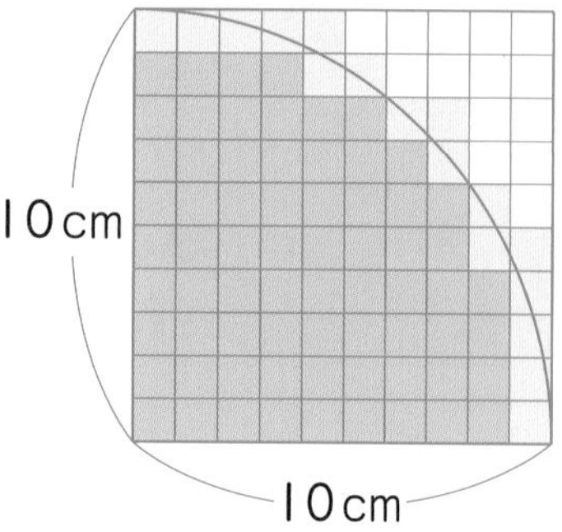

図 4 は、1 目もり 1cm の方眼紙に半径 10cm の円の $\frac{1}{4}$ の部分をかいたものです。円周にかかっている方眼（色のうすい方眼▨）の面積を 0.5cm² として面積を求めます。

色のこい方眼▧ の数は 69 個なので、面積は、
$1 \times 69 = 69$（cm²）

色のうすい方眼の数は 17 個なので、面積は、
$0.5 \times 17 = 8.5$（cm²）

したがって、円全体の面積は、$(69 + 8.5) \times$ [　　] $= 310$（cm²）

1 辺が 10cm の正方形の面積は、$10 \times 10 = 100$（cm²）

したがって、半径 10cm の円の面積は、その半径を 1 辺とする正方形の面積の
$310 \div 100 =$ [　　]（倍）になっています。

図 4
10cm

10cm

答え 約 [　　] 倍

1 半径 10cm の円の中に入る正二十四角形を考えます。右の図の 6 つの二等辺三角形の底辺が約 2.6cm、高さが約 9.9cm のとき、半径 10cm の円の面積は約何 cm² と計算できますか。　📖教科書 46ページ**1**

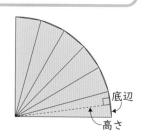
底辺
高さ

正二十四角形の中に、合同な二等辺三角形は 24 個できるね。

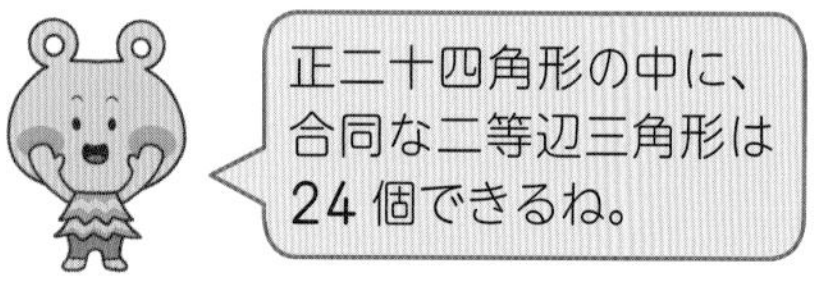

（　　　　　　　　）

さんすうはかせ
円周率は、3.14159265358…とどこまでも続く、終わりのない数だよ。高性能のコンピュータを使うことで、円周率を 10 兆けた以上まで計算することができるよ。

基本2 円の面積の公式をつくれますか。

☆ 円を長方形とみて、円の面積の公式を考えましょう。

半径
円周の半分
(直径×円周率÷2)

とき方 右の図のように、円を細かく等分して並(なら)べかえると、長方形に近い形になります。この長方形の縦(たて)を［　］、横を円周の半分と考えると、

円の面積＝［　］×円周の半分

＝半径×直径×円周率÷2

直径×円周率÷2は半径×円周率と同じなので、

円の面積＝半径×［　］×円周率

答え 半径×［　］×円周率

この本では円周率を3.14として計算します。

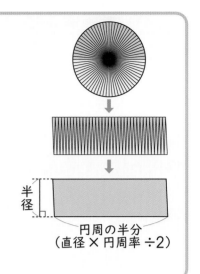

2 基本2 の円の面積を求める公式を使って、半径15cmの円の面積を求めましょう。

教科書 49ページ2

(　　　　　　)

基本3 円の面積を使って、いろいろな図形の面積を求められますか。

☆ 右の図で、色のついた部分の面積を求めましょう。

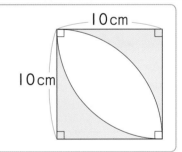

10cm
10cm

とき方 どのような図形を組み合わせているかを考えます。

=
−

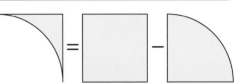

色のついた部分1つ分の面積は、1辺［　］cmの正方形の面積から、半径［　］cmの円の$\frac{1}{4}$の面積をひいて求められます。

色のついた部分1つ分の面積は、10×10−10×10×3.14÷4＝［　］(cm^2)

求める面積は、21.5×2＝［　］(cm^2)

答え ［　］cm^2

3 右の図で、色のついた部分の面積を求めましょう。 教科書 51ページ3

式

10cm
10cm

答え(　　　　　　)

ポイント 円の面積は次の公式で求められます。
円の面積＝半径×半径×円周率

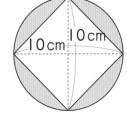

できた数

／9問中

教科書 **45～54ページ**　答え **4ページ**

1 円の面積の公式　次の（　　）にあてはまることばを書きましょう。

① 円周率＝円周÷（　　　　　　　）

② 円周＝直径×（　　　　　　　）

③ 円の面積＝半径×（　　　　　　　　）×円周率

2 円の面積(1)　公式を使って、次の円の面積を求めましょう。

① 半径7cmの円

式

答え（　　　　　　　）

② 直径18cmの円

式

答え（　　　　　　　）

3 円の面積(2)　次の図形の面積を求めましょう。

①
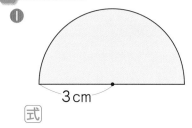
3cm

式

答え（　　　　　　）

②

5cm

式

答え（　　　　　　）

4 円の面積(3)　色のついた部分の面積を求めましょう。

①
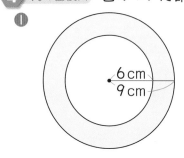
6cm
9cm

（　　　　　　　）

②
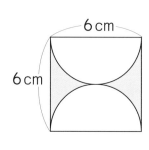
6cm
6cm

（　　　　　　　）

1 円の面積の公式

円周率は、円周の長さが直径の長さの何倍になっているかを表す数です。

2 円の面積(1)

ちゅうい

円の面積を公式を使って求めるときは、半径を使います。

3 円の面積(2)

元の円の何分の1の大きさになっているかを考えます。

4 円の面積(3)

① 大きな円の面積から小さな円の面積をひいて求めます。

② 正方形の中に、半円が2つあります。半円を2つあわせた面積は、円1つ分の面積と等しくなります。

できるナビ　直径がわかっている円の面積を求めるときは、直径から半径を求めて、半径×半径×円周率の公式にあてはめよう。

まとめのテスト

教科書 45～54ページ　　答え 4ページ

時間 **20** 分

得点
／100点

1 下の □ にあてはまることばを書きましょう。　　　　　1つ5〔20点〕

円を 8 等分、16 等分、36 等分、…と細かく等分して並べかえると、平行四辺形に近づいていきます。このとき、平行四辺形の底辺は ❶ の半分で、高さは ❷ だから、

円の面積＝ ❸ ÷2× 半径

　　　　＝直径× ❹ ÷2× 半径

　　　　＝半径× 半径× 円周率

❶ (　　　　　　　) ❷ (　　　　　　　) ❸ (　　　　　　　) ❹ (　　　　　　　)

2 よく出る 公式を使って、次の円の面積を求めましょう。　　　　　1つ5〔20点〕

❶ 半径 10 m の円

式

答え (　　　　　　　)

❷ 直径 6 cm の円

式

答え (　　　　　　　)

3 色のついた部分の面積を求めましょう。　　　　　1つ12〔48点〕

❶
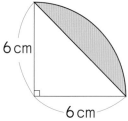
6 cm
6 cm

(　　　　　　　)

❷

2 cm　2 cm　2 cm

(　　　　　　　)

❸
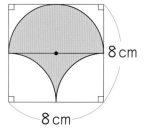
8 cm
8 cm

(　　　　　　　)

❹
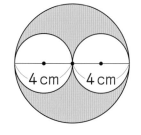
4 cm　4 cm

(　　　　　　　)

4 面積が 200.96 cm² の円があります。この円の半径を 1 辺とする正方形の面積を求めましょう。　　　　　〔12点〕

(　　　　　　　)

 □円の面積の求め方はわかったかな？
□円の面積を使って、いろいろな図形の面積を求められたかな？

ふろくの「計算練習ノート」17～18ページをやろう！

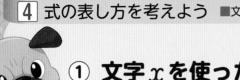

① 文字 x を使った式

基本のワーク

学習の目標
文字 x を使った式を
つくることができるよ
うになろう！

基本 1　文字 x を使った式がわかりますか。(1)

☆ 右の図のように、底辺の長さが 12cm で面積が 48cm² の三角形があ
ります。
この三角形の高さは何 cm になりますか。

48cm²
12cm

とき方　高さを □cm とすると、$12 × □ ÷ 2 = 48$
$$12 × □ = 48 × 2$$
$$□ = 48 × 2 ÷ 12$$
$$= \boxed{}$$

上の式のような □ を使った式で、□ の代わりに文字
x を使うことがあります。高さを $x$cm とすると、
$$12 × x ÷ 2 = 48$$
$$12 × x = 48 × 2$$
$$x = 48 × 2 ÷ 12$$
$$= \boxed{}$$

$12 × x ÷ 2 = 48$ の
式の x に8をあては
めると、
$12 × 8 ÷ 2 = 48$ と
なり、正しいことが
わかるね。

答え　□ cm

① 右の図のように、底辺の長さが 10cm で面積が 70cm² の平行
四辺形があります。　　　📖教科書　58ページ❶

① 高さを $x$cm として、式をつくりましょう。
（　　　　　　　）

② x にあてはまる数を求めましょう。
（　　　　　　　）

③ ②で求めた x にあてはまる数が正しいことを、①の式にあてはめて確かめましょう。
（　　　　　　　　　　　　　　　　　　　　　　　　　）

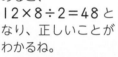

70cm²
10cm

基本 2　文字 x を使った式がわかりますか。(2)

☆ あやさんは、同じ値段のケーキを4個買って、代金を 1080 円はらいました。
ケーキ1個の値段は何円になりますか。

とき方　ケーキ1個の値段を x 円とすると、
$$x × \boxed{} = 1080$$
$$x = 1080 ÷ \boxed{}$$
$$= \boxed{}$$　答え　□ 円

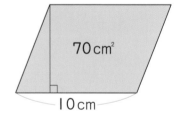

求めた値段を
$x × 4 = 1080$ の式に
あてはめると、正しい
ことがわかるね。

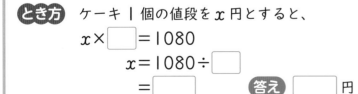

さんすうはかせ　基本 2 のような x を使った式を方程式といい、中学校でくわしく勉強するよ。

② ゆうやさんは、ノート１冊とえん筆１本を買って、代金を 150 円はらいました。
えん筆１本の値段は 70 円です。 　📖**教科書** 58ページ**1**

　❶　ノート１冊の値段を x 円として、式をつくりましょう。

　　　　　　　　　　　　　　　　　　　　　　　　　　　（　　　　　　　　　　）

　❷　ノート１冊の値段を求めましょう。

　　　　　　　　　　　　　　　　　　　　　　　　　　　（　　　　　　　　　　）

基本 ③　文字 x を使った式がわかりますか。(3)

> ☆　何ｍかあるテープを４等分します。
> ❶　はじめの長さを x ｍ として、１本分の長さを、x を使った式で表しましょう。
> ❷　はじめの長さが 16 ｍ のときの１本分の長さを求めましょう。
> ❸　はじめの長さが 9.2 ｍ、$\dfrac{18}{5}$ ｍ のときの１本分の長さをそれぞれ求めましょう。

とき方　❶　│ はじめの長さ │ ÷ │ 等分した数 │ ＝ │ １本分の長さ │ だから、

　　　式は $x \div \boxed{}$ となります。　　　　　　　　**答え** $x \div \boxed{}$

　❷　x に 16 をあてはめて、$16 \div \boxed{} = \boxed{}$　　**答え** $\boxed{}$ ｍ

　❸　x に 9.2 をあてはめて、$9.2 \div \boxed{} = \boxed{}$　　**答え** 9.2 ｍ… $\boxed{}$ ｍ

　　　x に $\dfrac{18}{5}$ をあてはめて、$\dfrac{18}{5} \div \boxed{} = \boxed{}$　　　　$\dfrac{18}{5}$ ｍ… $\boxed{}$ ｍ

---

③ 右の図のように、底辺の長さが ８cm の平行四辺形があります。底辺の長さを変えずに、高さを変えていきます。 　📖**教科書** 60ページ**1**

　❶　高さを x cm として、平行四辺形の面積を、x を使った式で表しましょう。

　　　　　　　　　　　　　　　（　　　　　　　　　　）

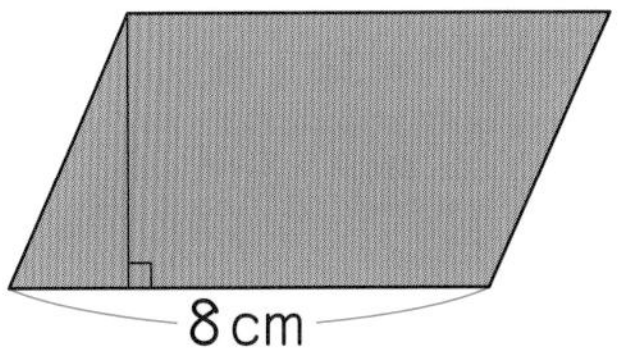

　❷　高さが ３cm、2.5 cm のときの平行四辺形の面積をそれぞれ求めましょう。

　　　　　　　　　　　　３cm（　　　　　　　　　　）
　　　　　　　　　　　2.5 cm（　　　　　　　　　　）

8cm

---

④　１日のうち、昼の時間を x 時間とします。 　📖**教科書** 60ページ**1**

　❶　夜の時間を、x を使った式で表しましょう。

　　　　　　　　　　　　　　　　　　　　　　　　　　　（　　　　　　　　　　）

　❷　昼の時間が 13 時間、$14\dfrac{1}{2}$ 時間、11.4 時間のときの夜の時間をそれぞれ求めましょう。

　　　　　　　　　　　　　　　13 時間（　　　　　　　　　　）

　　　　　　　　　　　　　$14\dfrac{1}{2}$ 時間（　　　　　　　　　　）

　　　　　　　　　　　　　11.4 時間（　　　　　　　　　　）

> ❶で表した式の x に数を
> あてはめてみよう。

ポイント　平行四辺形の面積は「底辺×高さ」で求めます。数がわからない部分を x とします。

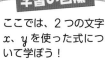

学習の目標・
ここでは、2つの文字 x、y を使った式について学ぼう！

② 2つの文字 x、y を使った式

基本のワーク

教科書 60〜62ページ　　答え 5ページ

基本 1 2つの文字 x、y を使った式がわかりますか。

☆ 右の図のような正方形の 1辺の長さを変えていきます。
① 1辺の長さが 1cm、2cm、3cm、4cm のときのまわりの長さを表す式を書きましょう。
② 正方形の 1辺の長さを x cm、まわりの長さを y cm として、x と y の関係を式に表しましょう。
③ 1辺の長さが 9cm のときのまわりの長さを、x に 9 をあてはめて求めましょう。
④ y の値が 48 のときの x の値を求めましょう。

x cm

とき方 ① 正方形のまわりの長さは、1辺の長さ×4 で求められます。

| 1cm のとき | $1×4=\boxed{}$ (cm) | 2cm のとき | $2×4=\boxed{}$ (cm) |
| 3cm のとき | $3×4=\boxed{}$ (cm) | 4cm のとき | $4×4=\boxed{}$ (cm) |

答え 1cm のとき $\boxed{}$ cm、2cm のとき $\boxed{}$ cm
　　　3cm のとき $\boxed{}$ cm、4cm のとき $\boxed{}$ cm

② $\boxed{\text{1辺の長さ}} ×4 = \boxed{\text{まわりの長さ}}$ の式に x と y をそれぞれあてはめます。

答え $\boxed{} ×4 = \boxed{}$

③ $x×4=y$ の式で、x に 9 をあてはめると、
$\boxed{} ×4=y$
$y=\boxed{}$　　答え $\boxed{}$ cm

④ $x×4=y$ の式で、y に 48 をあてはめると、
$x×4=\boxed{}$
$x=48÷4$
$x=\boxed{}$　　答え $\boxed{}$

次のように考えよう。
$\boxed{\text{1辺の長さ}} ×4 = \boxed{\text{まわりの長さ}}$
　　↓　　　　　　　　↓
　　x　　　　　　　　y

---

1 右の図のように、1辺の長さが x cm の正三角形があります。この正三角形のまわりの長さを y cm とします。 📖教科書 60ページ**1**

① 1辺の長さとまわりの長さの関係を x、y を使った式で表しましょう。
（　　　　　　　　　　　）

x cm

② x の値が 6 のときの y の値を求めましょう。
（　　　　　　　　　　　）

③ y の値が 54 のときの x の値を求めましょう。
（　　　　　　　　　　　）

 わからない量に対して、x や y などの文字を使い始めたのは、デカルトという学者だよ。17世紀前半のことなんだ。

☆　次の⑤〜⑥の中から、10＋x＝yの式になる場面を選びましょう。
　⑤　10円玉がx枚あるときの金額の合計はy円です。
　⑥　10mあるリボンをxmずつ分けると、y本に分けられます。
　⑨　姉はシールを10枚、妹はx枚持っていて、合わせるとy枚になります。
　⑥　10dLあった牛乳からxdL飲んだので、残りはydLです。

とき方　⑤の場面について、10×| 10円玉の枚数 |＝| 金額の合計 |　なので、式は、
10□x＝yです。
　⑥の場面について、10÷| 分ける長さ |＝| 分けられる本数 |　なので、式は、
10□x＝yです。
　⑨の場面について、10＋| 妹が持っている枚数 |＝| 合わせた枚数 |　なので、式は、
10□x＝yです。
　⑥の場面について、10－| 飲んだかさ |＝| 残りのかさ |　なので、式は、
10□x＝yです。

答え□

2　次の⑤〜⑥の中から、x÷5＝yの式になる場面を選びましょう。　📖教科書 62ページ**2**
　⑤　赤い色紙がx枚と、青い色紙が5枚あり、合わせるとy枚になります。
　⑥　チョコレートをx個ずつ5人に配るとき、チョコレートは全部でy個必要です。
　⑨　x枚の画用紙を5人に分けると、1人あたりの枚数はy枚になります。
　⑥　x人のうち、おとなは5人いて、子どももy人います。

（　　　　　）

3　x×10＝yの式になる場面をつくりましょう。　📖教科書 62ページ**2**

（　　　　　）

4　次の❶〜❸の式は右の図形の面積の求め方を表しています。❶〜
❸の式は、それぞれ⑤〜⑨のどの求め方を表しているといえますか。
📖教科書 62ページ**2**

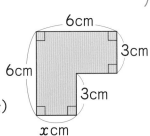

❶　3×6＋3×x　　❷　3×(6＋x)　　❸　6×6－3×(6－x)

⑤
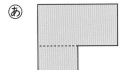
　⑥
　⑨
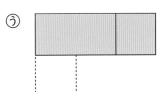

❶（　　　　）　❷（　　　　）　❸（　　　　）

ポイント　ことばの式をつくってから、何がxになり、何がyになるかを考えましょう。

練習のワーク①

できた数 /11 問中

1 文字を使った式の表し方　ある店で、りんごが 4 個入ったふくろを 500 円で売っています。

① りんご 1 個の値段を x 円として、式に表しましょう。

（　　　　　）

② x にあてはまる数を求めましょう。

（　　　　　）

2 文字を使った式の問題　3.5m の針金があります。そのうち何 m かを切って使いました。

① 切った長さを x m として、残りの長さを x を使った式で表しましょう。

（　　　　　）

② 切った長さが 1.2m のときの残りの長さを求めましょう。

（　　　　　）

③ 切った長さが $\frac{3}{4}$ m のときの残りの長さを求めましょう。

（　　　　　）

3 文字を使った式の問題　右の図のような正五角形の 1 辺の長さを x cm、まわりの長さを y cm とします。

① x と y の関係を式で表しましょう。

（　　　　　）

② x の値が 5 のときの y の値を求めましょう。

（　　　　　）

③ y の値が 70 のときの x の値を求めましょう。

（　　　　　）

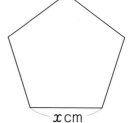

x cm

4 文字を使った式の表し方　1 個 70 円のチョコレートを x 個買ったときの代金を y 円とします。

① x と y の関係を式で表しましょう。

（　　　　　）

② x の値が 9 のときの y の値を求めましょう。

（　　　　　）

③ y の値が 840 のときの x の値を求めましょう。

（　　　　　）

てびき

1 文字を使った式の表し方
① 1個の値段 ×4 ＝500 となります。

2 文字を使った式の問題
① 3.5− 切った長さ ＝ 残りの長さ となります。
③ 3.5 を分数になおすと求めやすくなります。

3 文字を使った式の問題
① 1辺の長さ × 5＝ まわりの長さ となります。

4 文字を使った式の表し方
① 70× チョコレートの個数 ＝ 代金 となります。

できるナビ　x、y に数をあてはめて考えよう。小数や分数のときも、同じように数をあてはめることができるよ。

練習のワーク②

1 文字を使った式の表し方　同じ本5冊の重さをはかったら、1700gでした。

① 本1冊の重さを x g として、式に表しましょう。

（　　　　　　　　）

② x にあてはまる数を求めましょう。

（　　　　　　　　）

2 文字を使った式の問題　縦が x cm、横が9cm の長方形があります。

① 面積を、x を使った式で表しましょう。

（　　　　　　　　）

② 縦の長さが6.3cm のときの、長方形の面積を求めましょう。

（　　　　　　　　）

③ 長方形の面積が171cm² になるときの、縦の長さを求めましょう。

（　　　　　　　　）

3 文字を使った式の問題　次の①〜③の事がらを、それぞれ x、y を使った式で表しましょう。

① 1個 x 円のケーキを5個買って、2000円を出しました。おつりは y 円です。

（　　　　　　　　）

② 1mの重さが x g の針金が4m あります。全体の重さは y g です。

（　　　　　　　　）

③ x 個のあめを6人で、あまりが出ないように等分します。1人分の個数は y 個です。

（　　　　　　　　）

4 文字を使った式の表し方　底辺が x cm、高さが14cm の平行四辺形の面積を y cm² とします。

① x と y の関係を式で表しましょう。

（　　　　　　　　）

② x の値が12.5 のときの y の値を求めましょう。

（　　　　　　　　）

③ y の値が231 のときの x の値を求めましょう。

（　　　　　　　　）

てびき

1 文字を使った式の表し方

| 1冊の重さ | × | 冊数 |

＝ 全体の重さ

の式に、文字や数をあてはめます。

2 文字を使った式の問題

② x に数をあてはめて計算します。

3 文字を使った式の問題

たいせつ

x と y を使って、2つの数量の関係を1つの式に表します。

4 文字を使った式の表し方

たいせつ

x にあてはめた数を x の値といいます。そのときの y の表す数を、x の値に対応する y の値といいます。

できるナビ　**2**②③では、答えに単位をつけ忘れないようにしよう。

25

勉強した日　月　日

まとめのテスト

時間 20分

得点 /100点

教科書 57~64ページ　答え 5ページ

1 右の図のように、底辺の長さが 5cm、面積が 5cm² の直角三角形があります。 1つ10〔20点〕

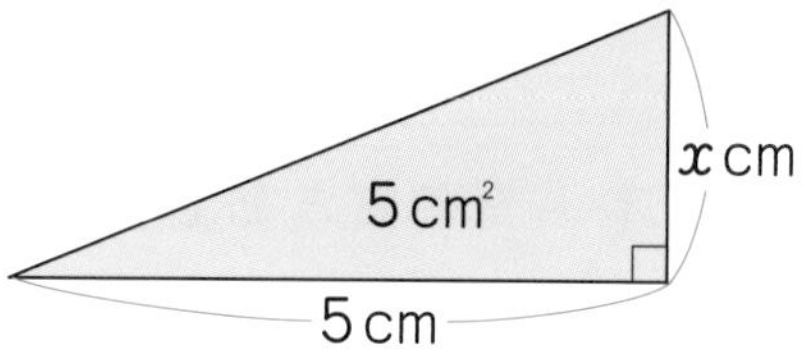

❶ 高さを x cm として、式をつくりましょう。

(　　　　　)

❷ x にあてはまる数を求めましょう。

(　　　　　)

2 ある集まりで、おとなと子どもが合計 148 人います。そのうちおとなは 63 人です。 1つ10〔20点〕

❶ 子どもの人数を x 人として、式をつくりましょう。

(　　　　　)

❷ 子どもの人数を求めましょう。

(　　　　　)

3 よく出る 右の図のような正六角形の 1 辺の長さを x cm、まわりの長さを y cm とします。 1つ10〔30点〕

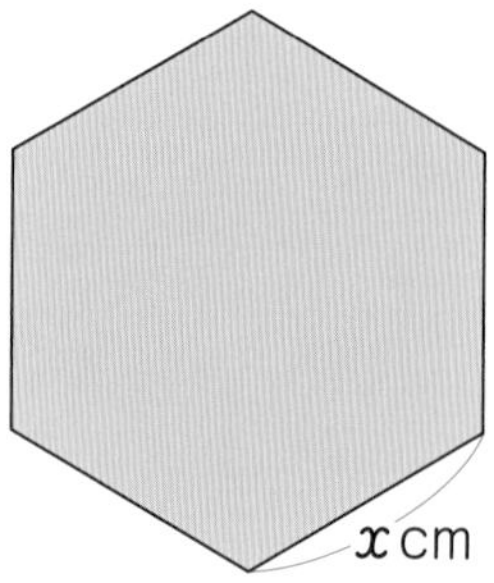

❶ x と y の関係を式で表しましょう。

(　　　　　)

❷ x の値(あたい)が 7 のときの y の値を求めましょう。

(　　　　　)

❸ y の値が 102 のときの x の値を求めましょう。

(　　　　　)

4 1 個 60g の卵(たまご) x 個を、重さ 120g のかごに入れたときの全体の重さを y g とします。 1つ10〔20点〕

❶ x と y の関係を式で表しましょう。

(　　　　　)

❷ x の値が 8 のときの y の値を求めましょう。

(　　　　　)

5 チャレンジ! 次のあ～えの中から、$100-x=y$ の式になる場面を選びましょう。 〔10点〕

あ ある博物館の午前中の入館者数 100 人のうち、子どもは x 人、おとなは y 人でした。

い 1 足 x 円のくつ下を、100 円引きで買ったので、代金は y 円でした。

う 100g のボールを x g の箱に入れたので、重さの合計は y g になりました。

え 縦(たて)が x cm、横が y cm の長方形のまわりの長さは 100cm になります。

(　　　　　)

ふろくの「計算練習ノート」2ページをやろう！

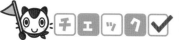

チェック
□ 文字 x、y を使って式に表せたかな？
□ 式から x、y の値は求められたかな？

● 算数たまてばこ

学びのワーク 何枚いるかな

教科書 65ページ　　答え 6ページ

基本 **1** 色板の数を求めることができますか。

☆ 右の図のように、正三角形の色板を並べ
ていきます。8番目では、正三角形の色
板は何枚必要ですか。

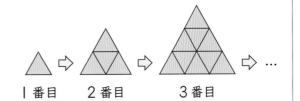

1番目　　2番目　　　3番目

とき方　どのようなきまりにしたがって、色板の枚数が増えているかを考えます。

《1》 何枚増えていくかを考えます。

1番目…1枚　　2番目…1+3=4（枚）　　3番目…1+3+5=9（枚）

だから8番目は、1+3+5+7+9+11+13+ ☐ = ☐ （枚）

《2》 順番の数と、色板の枚数の関係を考えます。

順番 （番目）	1	2	3
色板の数 （枚）	1	4	9

表から、順番の数を2回かけた数が、色板の数になっているので、8番目は、

☐ × ☐ = ☐ （枚）

答え ☐ 枚

1 次の図のように、直角三角形の色板を並べます。

📖 教科書 65ページ

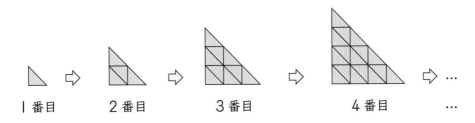

1番目　　2番目　　　3番目　　　　　4番目　　　…

❶ 10番目では、直角三角形の色板は何枚必要ですか。

（　　　　　）

❷ 15番目では、直角三角形の色板は何枚必要ですか。

（　　　　　）

❸ 直角三角形の色板を400枚使うのは、何番目の形ですか。

（　　　　　）

ポイント　まずは、数の小さい簡単な場合を調べることで、どのように数が増えていくのかのきまりを
読み取ることができます。

① データの特ちょうを表す値とグラフ

基本のワーク

学習の目標・
代表値とドットプロットについてわかるようになろう！

教科書 66〜75ページ　答え 6ページ

基本 1 平均値がわかりますか。

☆ 次の表は、ある児童10人が先月読んだ本の冊数（さっすう）を表したものです。このデータの平均値（へい・きんち）を求めましょう。

番号	❶	❷	❸	❹	❺	❻	❼	❽	❾	❿
冊数（冊）（さっ）	3	4	2	6	8	2	3	4	4	5

とき方　平均値＝データの値（あたい）の合計÷データの個数　で求めることができます。

$(3+4+2+6+8+2+3+4+4+5)÷\boxed{}=\boxed{}$（冊）

データの平均の値のことを、平均値というよ。

答え $\boxed{}$ 冊

① 次の表は、ある児童8人が受けた、10点満点の計算テストの結果を表したものです。このデータの平均値を求めましょう。　教科書 67ページ1

番号	❶	❷	❸	❹	❺	❻	❼	❽
点数（点）	8	4	7	5	9	10	6	7

（　　　　　　　　）

基本 2 ドットプロットがわかりますか。

☆ 基本1 の表のデータを、ドットプロットに表しましょう。

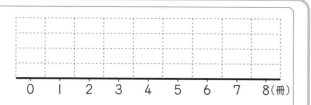

とき方　数直線の値に対応したデータの数だけ、●を積み上げてかきます。

答え 上の図に記入

② 次の表は、ある児童10人が受けた、5点満点の漢字テストの結果を表したものです。このデータを、ドットプロットに表しましょう。　教科書 69ページ2

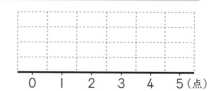

番号	❶	❷	❸	❹	❺	❻	❼	❽	❾	❿
点数（点）	3	2	5	5	5	3	4	4	1	4

さんすうはかせ　テストの成績などで、偏差値（へんさち）ということばがよく使われるよ。偏差値は、平均値を50として、その集団の中でどのあたりに位置するかを示した値なんだ。

☆ 右のドットプロットは、ある児童 15 人が先月
読んだ本の冊数を表したものです。このデータ
の最頻値(さいひんち)を求めましょう。

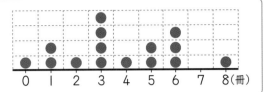

とき方 データの中で最も多く出てくる値を最頻値といいます。ドットプロットから、最
も多く出てくる値は □ 冊なので、最頻値は □ 冊です。　**答え** □ 冊

3 右のドットプロットは、ある班(はん)の 10 人のすいみん時間を表した
ものです。このデータの最頻値を求めましょう。　📖 教科書 70ページ**3**

（　　　　　　　　）

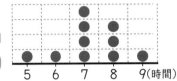

☆ 次の表は、ある野球チームA、Bの、8 月の試合での得点を表したものです。それぞ
れのチームの中央値を求めましょう。

| Aチーム（点） | 1 | 3 | 1 | 6 | 2 | 1 | 0 | 2 | 3 | 4 | 0 |
| Bチーム（点） | 5 | 4 | 3 | 3 | 4 | 3 | 0 | 2 | 0 | 1 | 0 | 1 |

とき方 データを大きさの順に並(なら)べたとき、真ん中にある値を中央値といいます。

Aチームはデータが 11 個あるので、6 番目の値である □ 点が中央値となります。

小さいほうから順に並べると、

0 0 1 1 1 ② 2 3 3 4 6
　　　　　　　↑6番目

Bチームはデータが 12 個あるので、6 番目と 7 番目の値の平均が中央値となります。

小さいほうから順に並べると、

データを大きさの順に
並べかえて考えよう。

0 0 0 1 1 2 3 3 3 4 4 5

だから、（ □ ＋ □ ）÷2＝ □ （点）です。

答え Aチーム □ 点　Bチーム □ 点

🐟 **たいせつ**
データの個数が偶数(ぐうすう)のときは、真ん中の
2 つの値の平均が中央値となります。

🐟 **たいせつ**
平均値・最頻値・中央値のように、データの全体
の特ちょうを表す値を代表値といいます。

4 次の表は、あるサッカーチームの 6 月の得点を表したものです。このデータの中央値を求
めましょう。
📖 教科書 72ページ**4**

| 得点（点） | 0 | 1 | 0 | 1 | 4 | 0 | 4 | 2 | 2 | 3 |

（　　　　　　　　　）

📍 **ポイント**　中央値は、データの個数が奇数(きすう)か偶数かで求め方がちがうので、注意しましょう。

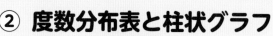

② 度数分布表と柱状グラフ
③ データの活用 ④ いろいろなグラフ

学習の目標・
いろいろなデータのまとめかたを理解しよう！

| 教科書 | 76〜85ページ | 答え | 6ページ |

基本① 度数分布表がわかりますか。

☆ 下の表は、あるクラスの児童20人の通学時間について調べてまとめたものです。このデータを、右の度数分布表に整理しましょう。

番号	❶	❷	❸	❹	❺	❻	❼	❽	❾	❿
時間（分）	5	3	25	11	9	21	12	18	9	13
番号	⓫	⓬	⓭	⓮	⓯	⓰	⓱	⓲	⓳	⓴
時間（分）	19	13	15	4	24	11	12	17	8	14

通学時間

時間（分）	人数（人）
0以上〜5未満	
5　〜10	
10　〜15	
15　〜20	
20　〜25	
25　〜30	
合計	

とき方　右上の表のような、階級ごとに度数を整理した表を**度数分布表**といいます。それぞれの階級の人数を、「正」の字などを書いて数えます。

答え　上の表に記入

たいせつ

階級…「0分以上5分未満」のような1つ1つの区間。
度数…それぞれの階級に入るデータの個数。

データが広いはん囲にちらばったときなどは、度数分布表に表すことで特ちょうが調べやすくなるね。

❶ 右の表は、6年1組と6年2組の児童の通学時間について調べてまとめた度数分布表です。通学時間が15分未満の児童の割合が多いのはどちらの組ですか。

📖教科書 76ページ❶

6年1組の通学時間

時間（分）	人数（人）
0以上〜5未満	4
5　〜10	4
10　〜15	8
15　〜20	7
20　〜25	4
25　〜30	3
合計	30

6年2組の通学時間

時間（分）	人数（人）
0以上〜5未満	5
5　〜10	2
10　〜15	9
15　〜20	8
20　〜25	2
25　〜30	2
合計	28

（　　　　　）

基本② 柱状グラフ（ヒストグラム）がわかりますか。

☆ 右の度数分布表は、ある小学校で6年生が受けた100点満点の漢字テストの結果をまとめたものです。このデータを柱状グラフで表しましょう。

漢字テストの結果

点数（点）	人数（人）
0以上〜20未満	5
20　〜40	6
40　〜60	8
60　〜80	9
80　〜100	7
合計	35

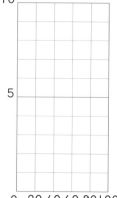

とき方　それぞれの階級の度数を表す長方形をかきます。

答え　右の図に記入

グラフの棒が柱みたいだから柱状グラフというよ。柱状グラフは人数などを、柱状の長方形の縦の長さで表しているよ。

2 右の表は、ある小学校で6年生が受けた100点満点の算数テストの結果をまとめたものです。このデータを柱状グラフで表しましょう。 教科書 78ページ**2**

算数テストの結果

点数（点）	人数（人）
0 以上～20 未満	2
20　～40	5
40　～60	7
60　～80	8
80　～100	6
合計	28

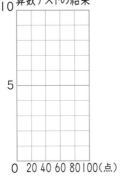

（人）算数テストの結果

0 20 40 60 80 100（点）

基本 3 **データの活用のしかたがわかりますか。**

☆ はやとさん、しゅんさんのどちらかを運動会の徒競走の代表選手に選びます。右の度数分布表から、度数が一番多い階級で決めるとき、どちらを選手に選ぶとよいですか。

はやとさんの練習の記録

記録（秒）	回数（回）
7.6 以上～7.8 未満	1
7.8　～8.0	4
8.0　～8.2	2
8.2　～8.4	3
計	10

しゅんさんの練習の記録

記録（秒）	回数（回）
7.6 以上～7.8 未満	2
7.8　～8.0	3
8.0　～8.2	4
8.2　～8.4	0
計	9

とき方 度数が一番多い階級は、はやとさんは [　　] 秒～ [　　] 秒、しゅんさんは [　　] 秒 ～ [　　] 秒なので、[　　] さんを選手に選ぶとよいです。　**答え** [　　] さん

3 **基本3** の度数分布表から、7.6 秒以上 8.0 秒未満の記録の割合で代表選手を決めるとき、どちらを選手に選ぶとよいですか。　教科書 80ページ**1**

（　　　　　　　　　　）

基本 4 **いろいろなグラフの特ちょうがわかりますか。**

☆ 小学校の6年生の50m走のデータのちらばりの様子を調べるため、データをグラフで表します。次のあ～えのうち、どのグラフに表すとよいですか。
　あ 棒グラフ　　い 円グラフ　　う 折れ線グラフ　　え 柱状グラフ

とき方 それぞれのグラフの特ちょうを理解しましょう。

絵グラフ、棒グラフ…何が多くて、何が少ないかを表したいときに使う。

折れ線グラフ…データの変化の様子を表したいときに使う。

円グラフ、帯グラフ…全体に対する割合を表したいときに使う。

ドットプロット、柱状グラフ…データのちらばりの特ちょうを表したいときに使う。

50m走の記録のちらばりの様子を調べるには、[　　　　　　　] で表せばよいことがわかります。　**答え** [　]

4 次の事がらを調べるためには、あとのあ～えのうち、どのグラフに表すとよいですか。
　教科書 83ページ**2**

① ある市の月ごとの最高気温の変化　（　　　　）
② あるくつ屋で、売れたくつのサイズのちらばりの様子　（　　　　）
　あ 棒グラフ　　い 折れ線グラフ　　う 円グラフ　　え 柱状グラフ

ポイント　「○以上」、「○以下」は○の数をふくみます。「□未満」は□の数をふくみません。

31

練習のワーク①

教科書 66〜87ページ　答え 7ページ

できた数

/10問中

1 代表値　次の表は、ある児童 15 人の 10 点満点の漢字テストの結果です。

漢字テストの結果

番号	❶	❷	❸	❹	❺	❻	❼	❽	❾	❿	⓫	⓬	⓭	⓮	⓯
点数(点)	5	8	6	7	2	5	9	4	8	3	2	5	7	8	8

❶　平均値を求めましょう。

（　　　　　　　　）

❷　最頻値を求めましょう。

（　　　　　　　　）

❸　中央値を求めましょう。

（　　　　　　　　）

2 度数分布表と柱状グラフ　右の度数分布表は、あるグループのハンドボール投げの記録を表しています。

❶　記録が 17m の人は、どの階級に入りますか。　（　　　　　　　　）

❷　記録が 20m の人は、どの階級に入りますか。　（　　　　　　　　）

❸　記録がよいほうから数えて 9 番目の人は、どの階級に入りますか。

（　　　　　　　　）

❹　記録が 30m 以上の人は、何人ですか。

（　　　　　　　　）

❺　記録を、柱状グラフに表しましょう。

ハンドボール投げの記録

きょり(m)	人数(人)
10以上〜15未満	4
15　　〜20	6
20　　〜25	11
25　　〜30	8
30　　〜35	5
35　　〜40	2
合計	36

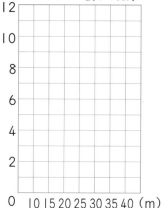

（人）ハンドボール投げの記録

0 10 15 20 25 30 35 40 (m)

3 いろいろなグラフ　次の事がらを調べるためには、次の⑧〜⑨のうちどのグラフに表すとよいですか。

⑧　棒グラフ　　　⑩　折れ線グラフ

⑰　円グラフ　　　⑨　柱状グラフ

❶　都道府県ごとの人口　　　　　　　　　　　　（　　　　　　　　）

❷　畑でとれたかぼちゃの重さのちらばり　　　　（　　　　　　　　）

てびき

1 代表値

❸ データの個数が奇数なので、データを大きさの順に並べたときの真ん中の値が中央値になります。

2 度数分布表と柱状グラフ

❸ 表の一番下の階級の人数から数えて 9 番目です。

❹ 下から 2 つの階級の人数の合計となります。

35m 以上 40m 未満の人は 2 人で、30m 以上 35m 未満の人は…

3 いろいろなグラフ

❶ 都道府県ごとの人口の多さや少なさがわかるようなグラフを選びます。

❷ 広いはん囲にちらばったデータを整理するグラフです。

 データを大きさの順に並べると、整理しやすくなります。

練習のワーク②

1 代表値 次のドットプロットは、ある児童 12 人の 10 点満点の計算テストの結果を表したものです。

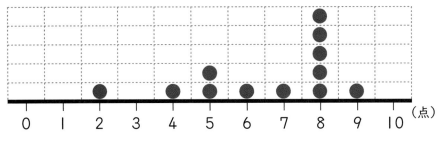

❶ 平均値を求めましょう。　　　　　　　　（　　　　　　　）
❷ 最頻値を求めましょう。　　　　　　　　（　　　　　　　）
❸ 中央値を求めましょう。　　　　　　　　（　　　　　　　）

2 いろいろなグラフ たかしさんは、青森県の人口を調べているときに、次のような年れい別に人口を表した 1995 年と 2020 年のデータを見つけました。1995 年と 2020 年で、男女を合わせた人口が一番多いのは、それぞれ何さい以上何さい未満の区間ですか。

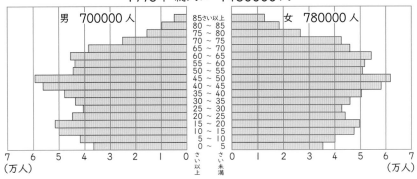

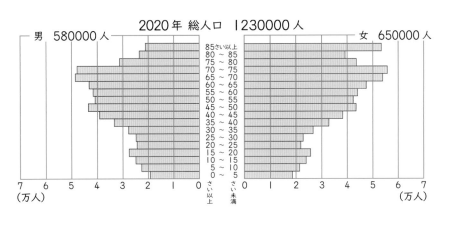

1995 年（　　　　　　　　　　　　）
2020 年（　　　　　　　　　　　　）

1 代表値
❸ データの個数が偶数なので、データを大きさの順に並べたとき、真ん中にある2つの値の平均が中央値となります。

2 いろいろなグラフ
85 さいまでは、5 さいごとの区間に分けて人口を表しています。それぞれの区間の具体的な人口は読み取れませんが、長方形の横の長さを考えると、人口を比べることができます。

 ドットプロット、度数分布表、柱状グラフといった、ちらばりを表すグラフや表について、かき方やよみ方を理解しましょう。

5 データの特ちょうを調べよう ■データの活用

まとめのテスト❶

時間 20分

教科書 66～87ページ　　答え 7ページ

1 次のデータは、Aグループと B グループの 50m 走の記録です。

1つ11〔22点〕

	❶	❷	❸	❹	❺	❻	❼	❽	❾	❿	⓫	⓬	⓭	⓮	⓯
Aグループ(秒)	6.8	8.2	9.3	7.7	8.5	10.3	10.2	11.0	6.6	7.8	8.6	9.2	9.5	10.3	8.0
Bグループ(秒)	10.0	7.2	6.5	12.4	11.6	8.2	10.2	7.8	8.2	8.5					

❶ 平均値で比べたとき、どちらのグループが速いといえますか。

（　　　　　　　）

❷ 中央値で比べたとき、どちらのグループが速いといえますか。

（　　　　　　　）

2 よく出る 次のデータは、ある小学校の野球クラブに入っている人の通学時間を調べたものです。

1つ11〔66点〕

	❶	❷	❸	❹	❺	❻	❼	❽	❾	❿	⓫	⓬	⓭	⓮	⓯	⓰	⓱
通学時間(分)	10	7	16	15	19	13	18	28	9	16	24	32	6	15	12	14	23

❶ このデータを右の度数分布表にまとめます。ア、イにあてはまる数を書きましょう。

ア（　　　　　　　）

イ（　　　　　　　）

通学時間調べ

通学時間(分)	人数(人)
5 以上～10 未満	3
10　　～15	4
15　　～20	ア
20　　～25	イ
25　　～30	1
30　　～35	1
合計	17

❷ 通学時間が短いほうから 6 番目の人はどの階級に入りますか。

（　　　　　　　）

❸ 一番人数が多いのは、どの階級ですか。

（　　　　　　　）

❹ 通学時間が 20 分以上の人は何人いますか。

（　　　　　　　）

❺ 上のデータを、柱状グラフに表しましょう。

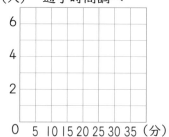

（人）　通学時間調べ

3 日本の貿易相手国の輸出先の国の割合を表すためには、次のあ～えのうちどのグラフに表すとよいですか。

〔12点〕

あ 棒グラフ　　い 折れ線グラフ

う 円グラフ　　え 柱状グラフ

（　　　　　　　）

 チェック✓

□ 代表値の求め方はわかったかな。
□ 度数分布表や柱状グラフを使ってデータを調べることができたかな。

まとめのテスト②

時間 **20**分

得点

/100点

教科書 **66〜87ページ** 　答え **7ページ**

1 よく出る 次のデータは、あるサッカーチームA、Bの選手のシュート練習で、それぞれ10本中何本ゴールしたかを表したものです。

1つ11〔22点〕

Aチーム(本)	2	8	9	8	7	7	9	4	6	8		
Bチーム(本)	8	2	9	5	5	8	6	9	3	8	10	8

❶ 平均値で比べたとき、どちらのチームのシュートが成功しやすいといえますか。

（　　　　　　　）

❷ 中央値で比べたとき、どちらのチームのシュートが成功しやすいといえますか。

（　　　　　　　）

2 次のデータは、英語クラブで行った英語のテストの結果を表したものです。そのうち、5年生の結果は度数分布表で、6年生の結果は柱状グラフで表しています。

1つ13〔78点〕

5年生のテストの結果

点数(点)	人数(人)
0以上〜20未満	1
20　　〜40	2
40　　〜60	3
60　　〜80	8
80　　〜100	2
合計	16

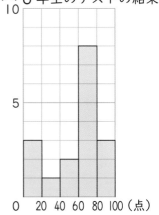

6年生のテストの結果

❶ このクラブの5、6年生の人数は全部で何人ですか。

（　　　　　　　）

❷ 5年生で、度数が最も多いのはどの階級ですか。

（　　　　　　　）

❸ 6年生で、度数が最も少ないのはどの階級ですか。

（　　　　　　　）

❹ 5年生で、60点未満の人は何人いますか。

（　　　　　　　）

❺ 6年生で、60点以上の人は何人いますか。

（　　　　　　　）

❻ 一番点数の高い階級の人数が多いのは、5年生と6年生のどちらですか。

（　　　　　　　）

チェック ✔
□ 代表値を使って、2つのデータを比べることができたかな。
□ 度数分布表や柱状グラフをもとに、2つのデータを比べることができたかな。

学習の目標・
角柱の体積、円柱の体積の求め方がわかるようになろう！

① 角柱と円柱の体積

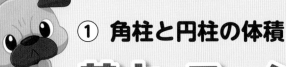
基本のワーク

教科書 89〜95ページ 　答え 8ページ

基本 **1** 四角柱の体積を求めることができますか。

☆ 右の図のような四角柱の体積を求めましょう。

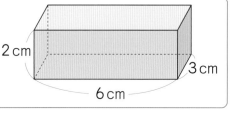

とき方 直方体の体積の公式を使って、縦×横×高さ　で求めることができますが、この式の縦×横　は **底面積** とみることができるから、

| | ×高さ　で求めることもできます。

底面積は、$3×6=18(cm^2)$だから、

体積は、| | ×2=| |(cm^3)

底面

たいせつ
底面の面積を **底面積** といいます。

答え | |cm^3

---

1 次の四角柱の体積を求めましょう。　　　　　教科書 90ページ**1**

① 　　　　　　　　　② 　　　　　　　　　③

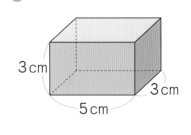
3cm
3cm
5cm

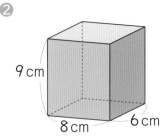
9cm
8cm 6cm

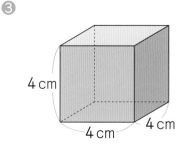
4cm
4cm 4cm

(　　　　　　　) 　(　　　　　　　) 　(　　　　　　　)

基本 **2** 四角柱や三角柱の体積を求めることができますか。

☆ 右の図のような四角柱と三角柱の体積を求めましょう。

①
5cm
3cm
6cm
（底面は平行四辺形）

②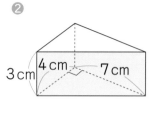
3cm 4cm 7cm

とき方 角柱の体積は、**底面積×高さ** で求めることができます。

① | | ×3×5=| |(cm^3)
　底面積　　高さ

② | | ×7÷2×3=| |(cm^3)
　底面積　　　高さ

たいせつ
角柱の体積＝底面積×高さ

答え ① | |cm^3 ② | |cm^3

 さんすうはかせ 直方体はどのように置くかによって、底面が変わるけれど、「底面積×高さ」は同じになるよ。

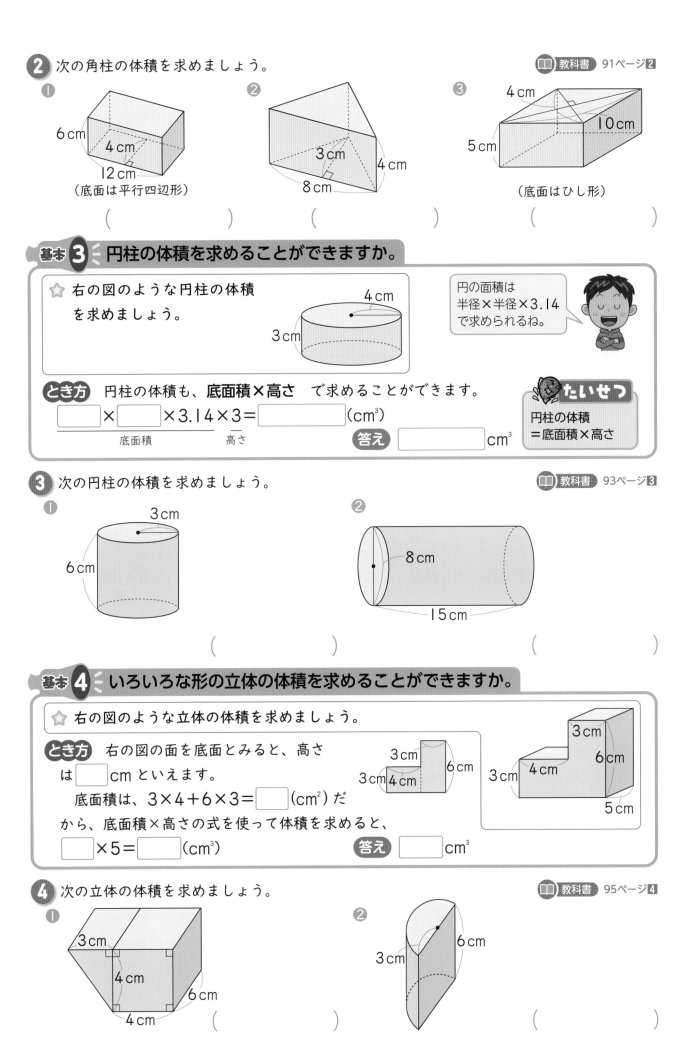

2 次の角柱の体積を求めましょう。　📖 教科書 91ページ2

① 6cm　4cm　12cm　（底面は平行四辺形）

② 3cm　8cm　4cm

③ 4cm　5cm　10cm　（底面はひし形）

（　　　　　）　　　（　　　　　）　　　（　　　　　）

基本 3　円柱の体積を求めることができますか。

☆ 右の図のような円柱の体積を求めましょう。

4cm　3cm

円の面積は
半径×半径×3.14
で求められるね。

とき方 円柱の体積も、**底面積×高さ** で求めることができます。

☐ × ☐ ×3.14×3＝☐ (cm³)
　底面積　　高さ

たいせつ
円柱の体積
＝底面積×高さ

答え ☐ cm³

3 次の円柱の体積を求めましょう。　📖 教科書 93ページ3

① 3cm　6cm

② 8cm　15cm

（　　　　　）　　　（　　　　　）

基本 4　いろいろな形の立体の体積を求めることができますか。

☆ 右の図のような立体の体積を求めましょう。

とき方 右の図の面を底面とみると、高さは ☐ cm といえます。

底面積は、3×4＋6×3＝☐ (cm²) だから、底面積×高さの式を使って体積を求めると、

☐ ×5＝☐ (cm³)　答え ☐ cm³

3cm　3cm　4cm　6cm

3cm　3cm　4cm　6cm　5cm

4 次の立体の体積を求めましょう。　📖 教科書 95ページ4

① 3cm　4cm　6cm　4cm

② 3cm　6cm

（　　　　　）　　　（　　　　　）

ポイント
平行四辺形の面積＝底辺×高さ
台形の面積＝（上底＋下底）×高さ÷2
三角形の面積＝底辺×高さ÷2
ひし形の面積＝対角線×対角線÷2

練習のワーク

教科書 89〜97ページ 答え 8ページ

できた数

/8問中

1 四角柱の体積 次の角柱の体積を求めましょう。

①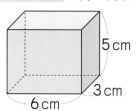
5cm
3cm
6cm

（ 　　　　　　　 ）

②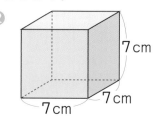
7cm
7cm
7cm

（ 　　　　　　　 ）

2 四角柱や三角柱の体積 次の角柱の体積を求めましょう。

①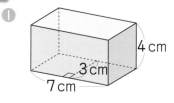
4cm
3cm
7cm

（底面は平行四辺形）

（ 　　　　　　　 ）

②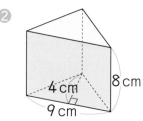
4cm
9cm
8cm

（ 　　　　　　　 ）

3 円柱の体積 次の円柱の体積を求めましょう。

①
3cm
7cm

（ 　　　　　　　 ）

②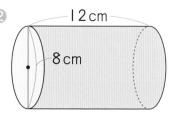
12cm
8cm

（ 　　　　　　　 ）

4 いろいろな立体の体積 次の立体の体積を求めましょう。

①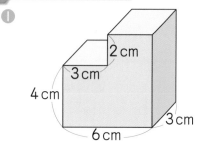
2cm
3cm
4cm
6cm
3cm

（ 　　　　　　　 ）

②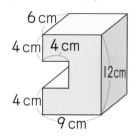
6cm
4cm 4cm
12cm
4cm
9cm

（ 　　　　　　　 ）

てびき

1 四角柱の体積
四角柱の体積は、
底面積×高さ
で求めることができます。

2 四角柱や三角柱
の体積

たいせつ

角柱の体積
＝底面積×高さ

①平行四辺形の面積
　＝底辺×高さ
②三角形の面積
　＝底辺×高さ÷2

3 円柱の体積

たいせつ

円柱の体積
＝底面積×高さ

円の面積
＝半径×半径×3.14

②はまず、底面の
半径を求めよう。

4 いろいろな立体
の体積
①、②のような立体も、
角柱とみると、
底面積×高さ
で体積を求めることが
できます。

できるナビ 角柱の体積も円柱の体積も、底面積×高さ　で求められるよ。

まとめのテスト

時間 **20**分

得点 /100点

教科書 89〜97ページ 　答え 8ページ

1 よく出る 次の角柱や円柱の体積を求めましょう。　1つ10〔30点〕

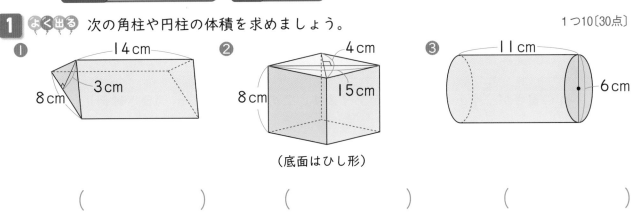

① 14cm 8cm 3cm

② 4cm 8cm 15cm （底面はひし形）

③ 11cm 6cm

(　　　　　) 　(　　　　　) 　(　　　　　)

2 次の角柱の体積を求めましょう。　1つ10〔20点〕

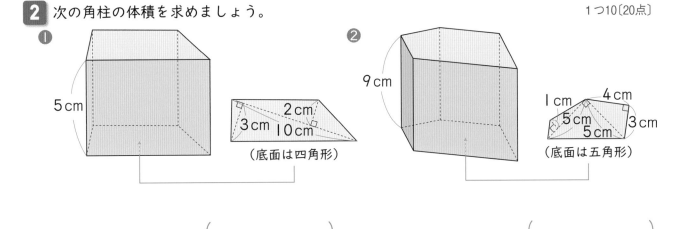

① 5cm 2cm 3cm 10cm （底面は四角形）

② 9cm 1cm 4cm 5cm 3cm 5cm （底面は五角形）

(　　　　　) 　　　　(　　　　　)

3 次の問題に答えましょう。　1つ10〔20点〕

① 体積が176cm³ で、高さが8cm の四角柱の底面積を求めましょう。

(　　　　　)

② 体積が234cm³ で、底面積が18cm² の五角柱の高さを求めましょう。

(　　　　　)

4 次の立体の体積を求めましょう。　1つ15〔30点〕

① 4cm 4cm 6cm

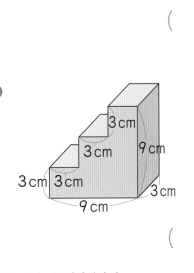

② 3cm 3cm 9cm 3cm 3cm 9cm 3cm

(　　　　　) 　　　　(　　　　　)

ふろくの「計算練習ノート」21ページをやろう！

 チェック ☑

□ 角柱や円柱の体積を求めることはできたかな？
□ 角柱や円柱の底面積や高さと体積の関係はわかったかな？

学習の目標・
分数をかける計算と、約分のしかたをおぼえよう！

① 分数をかける計算

基本のワーク

教科書 99〜106ページ　答え 8ページ

基本 1 分数×分数の計算のしかたがわかりますか。

☆ 1mの重さが $\frac{5}{7}$ kg の鉄パイプがあります。この鉄パイプ $\frac{3}{4}$ m の重さは何kgでしょう。

とき方 1mの重さが $\frac{5}{7}$ kg で、その $\frac{3}{4}$ 倍の重さを

求めるので、式は $\frac{5}{7} \times \frac{3}{4}$ になります。

$$\frac{5}{7} \times \frac{3}{4} = \left(\frac{5}{7} \div 4\right) \times \boxed{} = \frac{5}{7 \times 4} \times \boxed{}$$

$$= \frac{5 \times \boxed{}}{7 \times 4} = \boxed{}$$

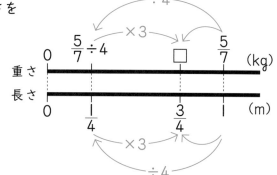

たいせつ

分数に分数をかける計算は、分母どうし、分子どうしをそれぞれかけます。 $\frac{b}{a} \times \frac{d}{c} = \frac{b \times d}{a \times c}$

帯分数は仮分数になおすよ。

答え $\boxed{}$ kg

1 次の計算をしましょう。

教科書 100ページ**1**
105ページ**5**

① $\frac{1}{2} \times \frac{1}{3}$

② $\frac{4}{7} \times \frac{5}{9}$

③ $\frac{2}{3} \times \frac{4}{3}$

④ $\frac{9}{4} \times \frac{3}{4}$

⑤ $1\frac{1}{7} \times \frac{6}{5}$

⑥ $2\frac{1}{2} \times 1\frac{1}{8}$

基本 2 約分のある分数のかけ算ができますか。

☆ $\frac{5}{6} \times \frac{3}{10}$ を計算しましょう。

たいせつ

約分できるときは、とちゅうで約分すると計算が簡単になります。

とき方 $\frac{5}{6} \times \frac{3}{10} = \frac{5 \times 3}{6 \times 10} = \boxed{}$

5と10、3と6を約分する。

答え $\boxed{}$

さんすうはかせ アメリカでは、$\frac{1}{2}$ 時間、$\frac{1}{2}$ ドルというように、量を分数で言い表すことが多いよ。

📖 教科書　104ページ2
105ページ5

② 次の計算をしましょう。

① $\dfrac{6}{7} \times \dfrac{2}{9}$ 　　　② $\dfrac{5}{8} \times \dfrac{4}{7}$ 　　　③ $\dfrac{4}{5} \times \dfrac{9}{20}$

④ $\dfrac{5}{12} \times \dfrac{4}{15}$ 　　　⑤ $\dfrac{7}{10} \times 2\dfrac{2}{7}$ 　　　⑥ $1\dfrac{1}{2} \times 2\dfrac{2}{3}$

基本 **3** 3つの分数のかけ算ができますか。

☆ $\dfrac{4}{9} \times \dfrac{1}{7} \times \dfrac{7}{8}$ を計算しましょう。

とき方 《1》 $\dfrac{4}{9} \times \dfrac{1}{7} \times \dfrac{7}{8} = \dfrac{4 \times 1}{9 \times 7} \times \dfrac{7}{8} = \dfrac{4}{63} \times \dfrac{7}{8} = \dfrac{\overset{1}{\cancel{4}} \times \overset{1}{\cancel{7}}}{63 \times 8} = \boxed{}$

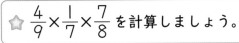

《2》 $\dfrac{4}{9} \times \dfrac{1}{7} \times \dfrac{7}{8} = \dfrac{\overset{1}{\cancel{4}} \times 1 \times \overset{1}{\cancel{7}}}{9 \times 7 \times 8} = \boxed{}$

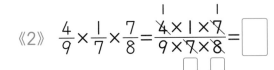

答え $\boxed{}$

> 🐟 **たいせつ**
> 3つ以上の分数の
> かけ算では、分母
> どうし、分子どう
> しをまとめてかけ
> ることができます。

③ 次の計算をしましょう。

📖 教科書　104ページ3

① $\dfrac{7}{8} \times \dfrac{4}{5} \times \dfrac{3}{14}$ 　　　② $\dfrac{8}{9} \times \dfrac{1}{2} \times \dfrac{3}{4}$ 　　　③ $\dfrac{5}{18} \times \dfrac{9}{4} \times \dfrac{8}{5}$

基本 **4** 整数×分数を、分数×分数として計算できますか。

☆ $3 \times \dfrac{2}{7}$ を分数×分数として計算しましょう。

とき方 3を分数で表すと $\dfrac{3}{\boxed{}}$ だから、

$3 \times \dfrac{2}{7} = \dfrac{3}{\boxed{}} \times \dfrac{2}{7} = \dfrac{3 \times 2}{\boxed{} \times 7} = \boxed{}$

答え $\boxed{}$

> 🦉 **さんこう**
> $3 \times \dfrac{2}{7} = \dfrac{3 \times 2}{7}$
> としても計算できます。

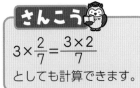

④ 次の計算をしましょう。

📖 教科書　105ページ4

① $6 \times \dfrac{1}{8}$ 　　　② $7 \times \dfrac{9}{14}$ 　　　③ $12 \times \dfrac{2}{3}$

📍 **ポイント**　分数どうしのかけ算では、分母は分母と分母をかけたもの、分子は分子と分子をかけたものになります。

② **逆数**
③ **積の大きさ**
基本のワーク

教科書 107〜108ページ　　答え **9ページ**

基本 **1** 逆数とはどのような数ですか。

☆ $\frac{5}{6}$ の逆数を答えましょう。

とき方　2つの数の積が1になるとき、一方の数をもう一方の数の**逆数**といいます。

$\frac{5}{6} \times \square = 1$ となるとき、□にあてはまる数は ⬚ です。　　**答え** ⬚

たいせつ
真分数や仮分数の逆数は、分子と分母を入れかえた分数になります。整数の逆数は、整数を分母が1の分数と考えて求めます。　$\dfrac{b}{a} \diagdown \dfrac{a}{b}$

---

1 次の数の逆数を求めましょう。　　📖教科書 107ページ**1**

① $\frac{2}{5}$　　　　② $\frac{6}{7}$　　　　③ $\frac{5}{3}$　　　　④ $\frac{12}{5}$

(　　　　) (　　　　) (　　　　) (　　　　)

⑤ $\frac{1}{8}$　　　　⑥ 7　　　　⑦ 11　　　　⑧ $3\frac{1}{3}$

(　　　　) (　　　　) (　　　　) (　　　　)

基本 **2** 小数の逆数が求められますか。

☆ 0.3、1.23 の逆数を求めましょう。

とき方　小数を分数になおして逆数を求めます。

$0.3 = \dfrac{3}{10} \diagup\!\!\!\!\diagdown \square$　　　　**答え** ⬚

$1.23 = \dfrac{123}{100} \diagup\!\!\!\!\diagdown \square$　　**答え** ⬚

たいせつ
小数の逆数を求めるときには、小数を分数になおしてから求めます。

---

2 次の数の逆数を求めましょう。　　📖教科書 107ページ**1**

① 0.4　　　　② 0.36　　　　③ 1.08

(　　　　) (　　　　) (　　　　)

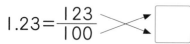 1の逆数は、$\frac{1}{1}$=1だよ。

☆ 1mの重さが40gのロープがあります。このロープ $\frac{4}{5}$m、$\frac{6}{5}$mの重さを求めて、40gより重いか、軽いかを答えましょう。

とき方 図をかくと、次のようになります。

重さ　0　　　□　40　□　（g）

長さ　0　　　$\frac{4}{5}$　1　$\frac{6}{5}$　（m）

図をみると、40gより大きいか小さいかがすぐにわかるね。

$\frac{4}{5}$mの重さは、$40 \times \frac{4}{5} = \boxed{}$（g）

大小を不等号を使って表すと、$40 \times \frac{4}{5} \boxed{} 40$

$\frac{6}{5}$mの重さは、$40 \times \frac{6}{5} = \boxed{}$（g）

大小を不等号を使って表すと、$40 \times \frac{6}{5} \boxed{} 40$

たいせつ
・かける数＞1のときは、積＞かけられる数
・かける数＝1のときは、積＝かけられる数
・かける数＜1のときは、積＜かけられる数

さんこう
かける数と積の大きさの関係は、かける数が小数のときと同じだよ。

答え $\frac{4}{5}$mの重さ…40gより $\boxed{}$。 $\frac{6}{5}$mの重さ…40gより $\boxed{}$。

③ 積がかけられる数より大きくなるものに○を、小さくなるものに△をつけましょう。

📖 教科書 108ページ**1**

① $4 \times \frac{11}{6}$

② $\frac{7}{10} \times \frac{9}{8}$

（　　　）　　　（　　　）

③ $\frac{4}{5} \times \frac{8}{9}$

④ $1 \times \frac{4}{5}$

（　　　）　　　（　　　）

④ 次の㋐〜㋓の中から、積がある数aより小さくなるか等しくなるものを全て選びましょう。ただし、aは0ではない数とします。

📖 教科書 108ページ**1**

㋐ $a \times \frac{2}{5}$　　㋑ $a \times 1$　　㋒ $a \times 1.2$　　㋓ $a \times \frac{7}{6}$

（　　　　　　　）

ポイント 整数、小数、分数にかかわらず、かける数が1より大きければ　積＞かけられる数　になり、かける数が1より小さければ　積＜かけられる数　になります。

④ **面積や体積の公式と分数**
⑤ **計算のきまり**

基本のワーク

学習の目標
辺の長さが分数の図形
の面積や体積の求め方
をおぼえよう！

教科書 109〜110ページ　　答え 9ページ

基本 ① 辺の長さが分数で表されている図形の面積や体積が求められますか。

☆ 次の図形の面積や体積を求めましょう。

① 長方形

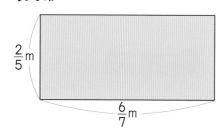

② 直方体

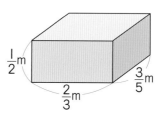

とき方 ① 右の図から、この長方形は、縦 $\frac{1}{5}$ m、横 $\frac{1}{7}$ m の長

方形が 12 個分でできていることがわかります。

したがって、この長方形の面積は、

$$\left(\frac{1}{5} \times \frac{1}{7}\right) \times 12 = \frac{1}{\boxed{}} \times 12 = \boxed{}\,(m^2)$$

また、公式にあてはめて計算すると、$\frac{2}{5} \times \frac{6}{7} = \boxed{}\,(m^2)$

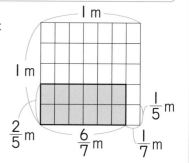

答え $\boxed{}$ m²

② 直方体でも、公式にあてはめて体積を求めることができます。

$$\frac{3}{5} \times \frac{2}{3} \times \frac{1}{2} = \boxed{}\,(m^3)$$

答え $\boxed{}$ m³

たいせつ

図形の辺の長さが分数で表されていても、整数や小数のときと同じ
ように、公式を使って面積や体積を求めることができます。

---

① 次の図形の面積や体積を求めましょう。　　　　📖教科書 109ページ**①**

① 1 辺が $\frac{3}{8}$ m の正方形の面積

（　　　　　　　　　）

② 縦 $\frac{1}{4}$ m、横 $\frac{3}{7}$ m、高さ $\frac{8}{9}$ m の直方体の体積

（　　　　　　　　　）

 さんすうはかせ　面積や体積だけではなく、ありとあらゆる算数の公式は、数が整数でも小数でも分数でも
同じように使うことができるよ。

☆ $(a+b)×c=a×c+b×c$ について、a、b、c が分数のときにも
成り立つかを調べます。右の図の長方形の面積を求めましょう。

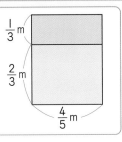

とき方 2つの方法で長方形の面積を求めます。

《1》 2つの長方形の面積を別々に計算して、面積の和を求めます。

$$\frac{1}{3}×\frac{4}{5}+\frac{2}{3}×\frac{4}{5}=\frac{4}{15}+\boxed{}=\frac{12}{15}=\boxed{}(m^2)$$

《2》 縦 $\frac{1}{3}+\frac{2}{3}$(m)、横 $\frac{4}{5}$m の 1つの長方形とみて、面積を求めます。

$$\left(\frac{1}{3}+\frac{2}{3}\right)×\frac{4}{5}=\boxed{}×\frac{4}{5}=\boxed{}(m^2)$$

 答え $\boxed{}$ m²

たいせつ

分数のかけ算でも、計算のきまりが成り立ちます。
- ⓐ $a×b=b×a$
- ⓘ $(a×b)×c=a×(b×c)$
- ⓤ $(a+b)×c=a×c+b×c$
- ⓔ $(a-b)×c=a×c-b×c$

2 計算のきまりを使い、くふうして計算しましょう。  教科書 110ページ **1**

① $\dfrac{2}{3}×\dfrac{4}{5}×\dfrac{3}{2}$

② $\dfrac{3}{4}×\dfrac{8}{9}×\dfrac{9}{8}$

③ $\left(\dfrac{7}{4}+\dfrac{5}{3}\right)×12$

④ $21×\left(\dfrac{2}{3}-\dfrac{4}{7}\right)$

⑤ $\dfrac{1}{4}×\dfrac{2}{3}+\dfrac{3}{4}×\dfrac{2}{3}$

⑥ $\dfrac{9}{8}×\dfrac{1}{6}-\dfrac{1}{8}×\dfrac{1}{6}$

ポイント 計算のきまりを使うと、計算が簡単になることがあります。

練習のワーク①

1 分数のかけ算　次の計算をしましょう。

① $\dfrac{3}{7} \times \dfrac{1}{8}$

② $\dfrac{2}{5} \times \dfrac{11}{6}$

③ $4 \times \dfrac{2}{9}$

④ $\dfrac{6}{7} \times \dfrac{3}{8} \times \dfrac{14}{9}$

2 逆数　次の数の逆数を求めましょう。

① $\dfrac{5}{8}$ （　　　）

② 0.1 （　　　）

3 積の大きさ　$\dfrac{5}{6}$ に次の数をかけます。積が $\dfrac{5}{6}$ より大きくなるものに ○、小さくなるものに △をつけましょう。

① $\dfrac{3}{8}$ （　　　）

② $\dfrac{7}{4}$ （　　　）

③ 1.1 （　　　）

④ $2\dfrac{4}{5}$ （　　　）

4 辺の長さが分数の図形の体積　１辺の長さが $\dfrac{3}{7}$ m の立方体の体積を求めましょう。

（　　　　　　）

5 計算のきまり　計算のきまりを使い、くふうして計算しましょう。

① $\dfrac{3}{4} \times \dfrac{7}{16} + \dfrac{5}{4} \times \dfrac{7}{16}$

② $\left(\dfrac{3}{5} + \dfrac{5}{3}\right) \times \dfrac{15}{8}$

6 分数のかけ算の問題　次の問題に答えましょう。

① １dL で $\dfrac{4}{7}$ m² のかべをぬれるペンキがあります。このペンキ $\dfrac{2}{3}$ dL では、何m² のかべをぬることができますか。

（　　　　　　）

② 米１L の重さをはかると $1\dfrac{1}{5}$ kg でした。米 $2\dfrac{1}{3}$ L のときの重さは何kg ですか。

（　　　　　　）

てびき

1 分数のかけ算

たいせつ

分数に分数をかける計算は、下のようにします。

$\dfrac{b}{a} \times \dfrac{d}{c} = \dfrac{b \times d}{a \times c}$

2 逆数

② 小数は分数になおしてから考えましょう。

3 積の大きさ

かける数が１より大きいとき、積はかけられる数より大きくなります。

4 辺の長さが分数の図形の体積

立方体の体積 = １辺 × １辺 × １辺 です。

5 計算のきまり

次の計算のきまりを使って計算しましょう。

$(a+b) \times c$
$= a \times c + b \times c$

6 分数のかけ算の問題

① 式は、
１dL でぬれる面積 × ペンキの量
になります。

できる**ナビ**　計算のとちゅうで約分できるときは、忘れずに約分しよう。

練習のワーク❷

できた数　/10問中

1 分数のかけ算　次の計算をしましょう。

① $\dfrac{2}{3} \times \dfrac{2}{9}$

② $\dfrac{4}{9} \times 1\dfrac{5}{16}$

③ $6 \times \dfrac{3}{4}$

④ $\dfrac{3}{10} \times 6 \times \dfrac{5}{2}$

2 逆数　次の数の逆数を求めましょう。

① $2\dfrac{2}{3}$ （　　　）　② 4 （　　　）

3 積の大きさ　積が、ある数 x より小さくなるものを全て答えましょう。ただし、x は 0 でない数とします。

あ $x \times 1\dfrac{5}{6}$　　い $x \times 0.8$　　う $x \times \dfrac{9}{8}$　　え $x \times \dfrac{3}{4}$

（　　　　　）

4 計算のきまり　右の図のような長方形の板があります。この板の面積を求めましょう。

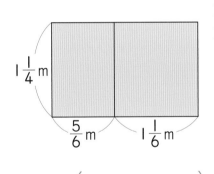

$1\dfrac{1}{4}$ m　$\dfrac{5}{6}$ m　$1\dfrac{1}{6}$ m

（　　　　　）

5 分数のかけ算の問題　ガソリン１L で $\dfrac{25}{3}$ km 走ることができる自動車があります。

① この自動車は、ガソリン８L で何km 走ることができますか。

（　　　　　）

② この自動車は、ガソリン $\dfrac{12}{5}$ L で何km 走ることができますか。

（　　　　　）

てびき

1 分数のかけ算
計算のとちゅうで約分できるときは、約分しましょう。

2 逆数
② 整数は分数になおしてから考えましょう。

3 積の大きさ
かける数が１より小さいとき、積はかけられる数より小さくなります。

4 計算のきまり
縦 $1\dfrac{1}{4}$ m、横 $\dfrac{5}{6} + 1\dfrac{1}{6}$ (m)の１つの長方形とみて、面積を求めます。

5 分数のかけ算の問題
式は、１L で走れる道のり×ガソリンの量になります。

できるナビ　帯分数のかけ算は、帯分数を仮分数になおして、真分数のかけ算と同じように計算するよ。

勉強した日 〉 月 日

まとめのテスト

時間 **20**分

得点

/100点

教科書 99～112ページ 　答え 10ページ

1 計算のまちがいを見つけて、正しく計算しましょう。　　　　1つ8〔16点〕

① $\dfrac{2}{9} \times \dfrac{4}{9} = \dfrac{8}{9}$

② $2\dfrac{1}{5} \times 1\dfrac{2}{9} = 2\dfrac{2}{45}$

2 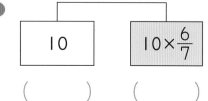 次の計算をしましょう。　　　　1つ5〔20点〕

① $\dfrac{3}{7} \times \dfrac{1}{3}$

② $\dfrac{5}{6} \times \dfrac{9}{10}$

③ $16 \times \dfrac{9}{2}$

④ $\dfrac{3}{5} \times \dfrac{1}{6} \times \dfrac{5}{7}$

3 次の数の逆数を求めましょう。　　　　1つ5〔10点〕

① $\dfrac{9}{7}$　　　　（　　　　）　② 2.5　　　　（　　　　）

4 2枚のカードで、数と数の積の大きさを比べて、大きいほうの（　　）に○をつけましょう。

1つ5〔10点〕

①

| 10 | $10 \times \dfrac{6}{7}$ |

（　　　　）　（　　　　）

②

| $\dfrac{4}{9} \times \dfrac{9}{8}$ | $\dfrac{4}{9}$ |

（　　　　）　（　　　　）

5 縦 $\dfrac{7}{5}$ m、横 $\dfrac{9}{8}$ m、高さ $\dfrac{10}{7}$ m の直方体の体積を求めましょう。　　〔14点〕

（　　　　　　　　）

6 計算のきまりを使い、くふうして計算しましょう。　　　　1つ8〔16点〕

① $4\dfrac{2}{9} \times \dfrac{5}{8} - \dfrac{2}{9} \times \dfrac{5}{8}$

② $\left(\dfrac{1}{4} + \dfrac{5}{6}\right) \times 12$

7 $2\dfrac{2}{3}$ m² の花だんに肥料をまきます。1m² あたり $\dfrac{3}{4}$ dL まくとすると、全部で何dL の肥料が必要ですか。

〔14点〕

（　　　　　　　　）

□ 分数をかけるかけ算はできたかな？
□ 分数のかけ算を使ったきまりをおぼえたかな？

ふろくの「計算練習ノート」5～9ページをやろう！

算数たまてばこ

学びのワーク 時間と分数

教科書 113ページ　答え 10ページ

基本 1 時間を分数で表すことができますか。

☆ 20分は何時間ですか。分数を使って表しましょう。

とき方 《1》 20分は、1時間を60等分した20個分だから、

$\frac{\square}{60}$時間

約分すると、$\frac{\square}{60}=\square$だから、$\square$時間

《2》 20分は、1時間を12等分した4個分だから、$\frac{\square}{12}$時間

約分すると、$\frac{\square}{12}=\square$だから、$\square$時間

《3》 20分は、1時間を3等分した1個分だから、$\frac{\square}{3}$時間

答え $\square$時間

1 次の時間は何時間ですか。分数で表しましょう。
教科書 113ページ

① 10分　　　　　　　　② 40分

(　　　　　)　　　　　　(　　　　　)

③ 15分　　　　　　　　④ 12分

(　　　　　)　　　　　　(　　　　　)

⑤ 25分　　　　　　　　⑥ 45分

(　　　　　)　　　　　　(　　　　　)

2 時速60kmで走っている車があります。この車は24分間で何km進みますか。24分間が何時間かを分数で表して求めましょう。
教科書 113ページ

式

答え (　　　　　)

ポイント　1時間は60分なので、x分＝$\frac{x}{60}$時間と、簡単に分を時間になおすことができます。

49

① 分数でわる計算 [その1]

基本のワーク

教科書 115〜121ページ　答え 10ページ

基本 1 分数÷分数はどのように計算しますか。

☆ $\frac{5}{6}$ m の重さが $\frac{4}{5}$ kg の鉄パイプがあります。この鉄パイプ1mの重さは何kgですか。

とき方 1mの重さの $\frac{5}{6}$ 倍が $\frac{4}{5}$ kg なので、式は

$\frac{4}{5} \div \frac{5}{6}$ になります。

$\frac{4}{5} \div \frac{5}{6} = \left(\frac{4}{5} \div 5\right) \times 6 = \frac{4}{5 \times \square} \times 6$

$= \frac{4 \times 6}{5 \times \square} = \boxed{}$

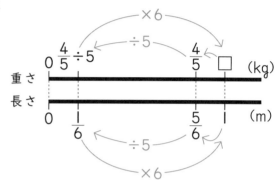

たいせつ
分数でわる計算では、わられる数に、わる数の逆数をかけます。　$\frac{b}{a} \div \frac{d}{c} = \frac{b}{a} \times \frac{c}{d}$

答え $\boxed{}$ kg

1 次の計算をしましょう。

📖教科書 116ページ**1**

① $\frac{1}{3} \div \frac{5}{8}$

② $\frac{3}{4} \div \frac{7}{5}$

③ $\frac{4}{9} \div \frac{1}{2}$

基本 2 約分のある分数のわり算ができますか。

☆ $\frac{9}{14} \div \frac{6}{7}$ を計算しましょう。

とき方 分数どうしのわり算は、分数どうしのかけ算のように、計算のとちゅうで約分することができます。

$\frac{9}{14} \div \frac{6}{7} = \frac{9}{14} \times \frac{7}{6} = \frac{\overset{3}{\cancel{9}} \times \overset{1}{\cancel{7}}}{\underset{\square}{\cancel{14}} \times \underset{\square}{\cancel{6}}} = \boxed{}$

$\frac{6}{7}$ の逆数は $\frac{7}{6}$ だね。

答え $\boxed{}$

2 次の計算をしましょう。

📖教科書 120ページ**2**

① $\frac{5}{6} \div \frac{7}{8}$

② $\frac{4}{5} \div \frac{3}{10}$

③ $\frac{3}{8} \div \frac{1}{6}$

④ $\frac{2}{9} \div \frac{2}{3}$

⑤ $\frac{9}{7} \div \frac{3}{14}$

⑥ $\frac{7}{8} \div \frac{7}{16}$

 わる数がいくつあっても、同じように計算できるよ。

☆ $\dfrac{3}{5} \div \dfrac{6}{25} \times \dfrac{1}{2}$ を計算しましょう。

とき方 逆数を使って、かけ算だけの式になおします。

$$\dfrac{3}{5} \div \dfrac{6}{25} \times \dfrac{1}{2} = \dfrac{3}{5} \times \boxed{} \times \dfrac{1}{2}$$

$$= \dfrac{3 \times \overset{5}{\cancel{25}} \times 1}{\underset{1}{\cancel{5}} \times \underset{2}{\cancel{6}} \times 2}$$

$$= \boxed{}$$

かけ算だけの式になおしたら、約分をしよう。

ちゅうい 約分をするときは、それ以上わりきれない数まで約分をしたか、確認しよう。

答え $\boxed{}$

3 次の計算をしましょう。

📖 教科書 120ページ**3**

① $\dfrac{3}{4} \div \dfrac{9}{16} \times \dfrac{15}{8}$

② $\dfrac{7}{9} \div \dfrac{2}{27} \times \dfrac{3}{14}$

③ $\dfrac{3}{5} \times \dfrac{1}{3} \div \dfrac{6}{5}$

④ $\dfrac{7}{8} \times \dfrac{1}{4} \div \dfrac{7}{12}$

⑤ $\dfrac{4}{7} \div \dfrac{8}{21} \div \dfrac{3}{4}$

⑥ $\dfrac{1}{6} \div \dfrac{5}{12} \div \dfrac{8}{15}$

☆ $3 \div \dfrac{5}{6}$ を、分数÷分数として計算しましょう。

とき方 3を分数で表すと $\dfrac{3}{\boxed{}}$ だから、

$$3 \div \dfrac{5}{6} = \dfrac{3}{\boxed{}} \div \dfrac{5}{6} = \dfrac{3}{\boxed{}} \times \dfrac{6}{5} = \dfrac{3 \times 6}{\boxed{} \times 5} = \dfrac{18}{\boxed{}}$$

答え $\boxed{}$

さんこう

$$3 \div \dfrac{5}{6} = 3 \times \dfrac{6}{5}$$
$$= \dfrac{3 \times 6}{5}$$

としても計算できます。

4 次の計算をしましょう。

📖 教科書 121ページ**4**

① $2 \div \dfrac{5}{7}$

② $4 \div \dfrac{8}{9}$

③ $9 \div \dfrac{3}{10}$

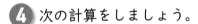

ポイント 分数でわるときには、わる数の逆数をかけます。

8 分数でわる計算を考えよう ■分数のわり算

① **分数でわる計算** [その2]
② **商の大きさ** ③ **計算のくふう** [その1]

基本のワーク

教科書 121〜125ページ | 答え 11ページ

基本 **1** 帯分数が混じったわり算ができますか。

☆ $2\frac{2}{3} \div \frac{3}{4}$ を計算しましょう。

とき方 帯分数は仮分数になおします。

$$2\frac{2}{3} \div \frac{3}{4} = \boxed{} \div \frac{3}{4} = \frac{8}{3} \times \boxed{} = \boxed{}$$

帯分数を仮分数になおしたら、
あとは同じ計算だね。

答え $\boxed{}$

---

1 次の計算をしましょう。　　　　　教科書 121ページ **5**

① $1\frac{3}{5} \div \frac{5}{6}$

② $2\frac{1}{3} \div 1\frac{1}{6}$

③ $\frac{9}{10} \div 4\frac{1}{2}$

④ $6 \div 3\frac{3}{5}$

基本 **2** 分数のわり算の式がつくれますか。

☆ $\frac{5}{4}$ m の重さが $\frac{5}{6}$ kg の鉄の棒があります。この鉄の棒 1m の重さは何 kg ですか。

とき方 右のような数直線図になります。

$$\frac{5}{6} \div \frac{5}{4} = \frac{5}{6} \times \frac{4}{5} = \frac{\overset{1}{\cancel{5}} \times \overset{\boxed{}}{\cancel{4}}}{\underset{\boxed{}}{\cancel{6}} \times \underset{1}{\cancel{5}}} = \boxed{}$$

答え $\boxed{}$ kg

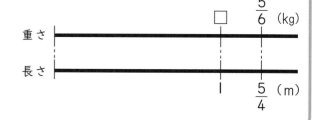

---

2 $\frac{4}{9}$ L の重さが $\frac{8}{9}$ kg の砂があります。この砂 1L の重さは何 kg ですか。 教科書 122ページ **6**

（　　　　　　　　）

---

3 $\frac{5}{4}$ L で $\frac{15}{16}$ m² の板をぬれるペンキがあります。1m² の板をぬるには何 L のペンキが必要ですか。 教科書 122ページ **6**

（　　　　　　　　）

 $\frac{2}{9}=0.222\cdots$、$\frac{2}{11}=0.1818\cdots$ のように同じ数字がくり返し続く小数を書き表すときは、$0.\dot{2}$、$0.\dot{1}\dot{8}$ のように、くり返す数字の上に・をつけるんだよ。

基本 3 商がわられる数より大きくなるのは、どんなときですか。

☆ $\frac{4}{5}$ m の代金が 240 円のリボンⓐと、$\frac{6}{5}$ m の代金が 240 円のリボンⓘがあります。

それぞれの 1m の値段(ねだん)を求めて、240 円より高いか、安いかを答えましょう。

とき方 リボンⓐの 1m の値段は、$240 \div \frac{4}{5} = $ ☐ (円)

大小を不等号を使って表すと、$240 \div \frac{4}{5}$ ☐ 240

リボンⓘの 1m の値段は、$240 \div \frac{6}{5} = $ ☐ (円)

大小を不等号を使って表すと、$240 \div \frac{6}{5}$ ☐ 240

たいせつ
・わる数 > 1 のとき、
　商 < わられる数
・わる数 = 1 のとき、
　商 = わられる数
・わる数 < 1 のとき、
　商 > わられる数

答え リボンⓐの 1m の値段…240 円より ☐ 。
　　　　リボンⓘの 1m の値段…240 円より ☐ 。

4 商がわられる数より大きくなるものに〇、小さくなるものに△をつけましょう。

📖 教科書 124ページ 1

① $\frac{1}{7} \div \frac{8}{5}$ 　（　　　） ② $9 \div \frac{3}{8}$ 　（　　　） ③ $\frac{9}{2} \div 2\frac{1}{4}$ 　（　　　）

5 商がある数 a より大きくなるものを全て選びましょう。ただし、a は 0 でない数とします。

📖 教科書 124ページ 1

ⓐ $a \div \frac{7}{9}$ 　　　ⓘ $a \div 0.7$ 　　　ⓤ $a \div 1$ 　　　ⓔ $a \div \frac{8}{5}$

（　　　　　　）

基本 4 小数と分数の混じった計算ができますか。

☆ $1.8 \times \frac{2}{3}$ を計算しましょう。

とき方 《1》 分数を小数になおして計算します。

$\frac{2}{3}$ を小数になおすと、$2 \div 3 = 0.666\cdots$ となり、

正確な小数が求められません。

《2》 小数を分数になおして計算します。

$1.8 \times \frac{2}{3} = \frac{18}{\square} \times \frac{2}{3} = \square$ 　**答え** ☐

分数を小数になおすと、正確な答えを求められないことがあるんだね。

小数を分数になおすと、正確な答えが求められるんだね。

6 次の計算をしましょう。

📖 教科書 125ページ 1

① $\frac{4}{7} \times 2.1$ 　　　② $0.5 \div \frac{5}{8}$ 　　　③ $1\frac{3}{5} \div 2.4$

ポイント 小数と分数の混じった計算は、小数を分数になおして計算すると、いつでも正確な答えが求められます。

③ 計算のくふう ［その2］
④ 分数倍とかけ算、わり算

基本のワーク

教科書 126〜129ページ | 答え 11ページ

基本 1 分数を使ってくふうして計算できますか。

☆ 36×8÷24 を計算しましょう。

とき方 分数を使って、くふうして計算します。

$$36×8÷24＝36×8×\boxed{}＝\frac{36×\overset{\square}{8}×1}{\underset{\underset{1}{2}}{24}}＝\boxed{}$$

とちゅうで約分をすることで、計算が楽になることがあるね。

答え $\boxed{}$

1 分数の計算になおして、答えを求めましょう。

教科書 126ページ2

① 24×12÷16

② 0.8÷2.4×0.6

基本 2 もとにする量が分数のときの割合を求める計算がわかりますか。

☆ 赤いボールの重さが $\frac{5}{6}$ kg、青いボールの重さが $\frac{3}{8}$ kg です。赤いボールの重さは、青いボールの重さの何倍ですか。

とき方 もとにする量が分数で表されていても、何倍になっているかを求めるには、わり算が使えます。

$$\frac{5}{6}÷\frac{3}{8}＝\frac{5}{6}×\boxed{}＝\boxed{}（倍）$$

答え $\boxed{}$ 倍

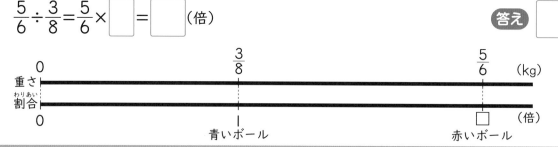

2 かなこさんの家から駅までのきょりは $\frac{7}{3}$ km、くみこさんの家から駅までのきょりは $\frac{10}{9}$ km あります。かなこさんの家から駅までのきょりは、くみこさんの家から駅までのきょりの何倍ですか。

教科書 127ページ1

( )

さんすうはかせ 日本では分数を分母から分子の順に読むけれど、アメリカやヨーロッパでは分子から分母の順に読むんだ。

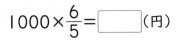 **基本 3** 割合が分数のときの比べる量を求める計算がわかりますか。

☆ さとしさんのおこづかいは 1000 円です。お兄さんのおこづかいはさとしさんのおこづかいの $\frac{6}{5}$ 倍です。お兄さんのおこづかいは何円ですか。

とき方 割合が分数で表されていても、比べる量を求めるには、かけ算が使えます。

$$1000 \times \frac{6}{5} = \boxed{}(円)$$ **答え** $\boxed{}$ 円

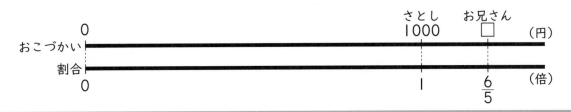

3 白い水とうには、400mL の水が入ります。赤い水とうには、白い水とうの $\frac{7}{8}$ 倍の水が入ります。赤い水とうに入る水の量は何mL ですか。  教科書 128ページ**2**

（　　　　　　）

 **基本 4** もとにする量を求められますか。

☆ ある店で売っているりんごの値段（ねだん）は 150 円です。これは、この店で売っているももの値段の $\frac{3}{4}$ 倍です。ももの値段は何円ですか。

とき方 割合が分数で表されていても、もとにする量を求めるには、わり算が使えます。
ももの値段を x 円とすると、

$$x \times \frac{3}{4} = 150 \qquad x = 150 \div \frac{3}{4} = 150 \times \boxed{} = \boxed{}(円)$$ **答え** $\boxed{}$ 円

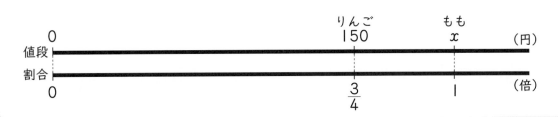

4 花もようのタオルの面積は $\frac{1}{8}$ m² です。これはチェックもようのタオルの面積の $1\frac{1}{5}$ 倍です。

チェックもようのタオルの面積は何m² ですか。 教科書 129ページ**3**

（　　　　　　）

ポイント 割合が分数になっても、比べる量＝もとにする量×割合 で求められます。

⑧ 分数でわる計算を考えよう ■分数のわり算

練習のワーク①

教科書 115〜131ページ　答え 11ページ

できた数

/14問中

① | 分数のわり算 | 次の計算をしましょう。

① $\dfrac{2}{3} \div \dfrac{3}{8}$

② $\dfrac{5}{12} \div \dfrac{3}{4}$

③ $\dfrac{7}{9} \div \dfrac{1}{5}$

④ $2\dfrac{1}{4} \div 2\dfrac{2}{5}$

⑤ $6 \div \dfrac{2}{7}$

⑥ $1\dfrac{1}{9} \div \dfrac{5}{9} \div 0.9$

② | 分数のわり算の問題 | $\dfrac{3}{4}$ m² の重さが $1\dfrac{1}{8}$ kg の板があります。この板 1 m² の重さは何kg ですか。

（　　　　　　　　）

③ | 商の大きさ | $\dfrac{4}{7}$ を次の数でわります。商が $\dfrac{4}{7}$ より大きくなるものに○、小さくなるものに△をつけましょう。

① $\dfrac{1}{6}$ （　　　） ② $\dfrac{8}{5}$ （　　　） ③ $1\dfrac{7}{10}$ （　　　）

④ | 計算のくふう | 次の計算をしましょう。

① $3.6 \times \dfrac{5}{6}$

② $12 \div 32 \times 24$

⑤ | 分数倍と計算 | みかんを 70 円で売っている店があります。

① りんごの値段は、みかんの値段の $1\dfrac{9}{10}$ 倍です。りんごの値段は何円ですか。

（　　　　　　　　）

② みかんの値段は、ももの値段の $\dfrac{1}{3}$ 倍です。もの値段は何円ですか。

（　　　　　　　　）

てびき

① 分数のわり算

たいせつ

分数でわる計算は、下のようにします。

$$\frac{b}{a} \div \frac{d}{c} = \frac{b}{a} \times \frac{c}{d}$$

② 分数のわり算の問題

式は、

重さ ÷ 板の面積

になります。

③ 商の大きさ

わる数が 1 より小さいとき、商はわられる数より大きくなります。

④ 計算のくふう

分数になおして計算をすると、正確な答えが求められます。

⑤ 分数倍と計算

① みかんの値段が、もとにする量になります。

② ももの値段が、もとにする量になります。

できるナビ 何倍を表す数が分数で表されていても、整数のときと同じように計算しよう。

練習のワーク②

教科書 115～131ページ　答え 12ページ

できた数

/13問中

1 分数のわり算　次の計算をしましょう。

① $\dfrac{5}{6} \div \dfrac{3}{7}$

② $\dfrac{9}{4} \div \dfrac{3}{8}$

③ $\dfrac{16}{21} \div \dfrac{10}{9}$

④ $16 \div \dfrac{4}{15}$

⑤ $3\dfrac{1}{3} \div 2\dfrac{7}{9}$

⑥ $1\dfrac{5}{8} \div 4\dfrac{1}{3}$

⑦ $1.2 \div \dfrac{9}{2}$

⑧ $\dfrac{2}{3} \div 8 \times 0.25$

2 分数のわり算の問題　布を $\dfrac{13}{7}$ m 買ったところ、代金は 520 円でした。

この布 1m の値段は何円ですか。

(　　　　　　　　　)

3 商の大きさ　商が、ある数 x より大きくなるものを全て答えましょう。
ただし、x は 0 でない数とします。

あ $x \div \dfrac{5}{3}$　　　い $x \div 1$　　　う $x \div \dfrac{7}{8}$　　　え $x \div 0.9$

(　　　　　　　　　)

4 計算のくふう　次の計算をしましょう。

① $3.9 \div \dfrac{13}{9}$

② $4.2 \div 2.8 \div 1.2$

5 分数倍と計算　赤いテープの長さは $\dfrac{5}{6}$ m で、青いテープの長さは $1\dfrac{7}{8}$

m です。青いテープの長さは、赤いテープの長さの何倍ですか。

(　　　　　　　　　)

てびき

1 分数のわり算
⑤ 帯分数を仮分数に
なおして計算しま
しょう。
⑦ 小数を分数になお
して計算しましょう。

2 分数のわり算の
問題
式は、
代金 ÷ 布の長さ
になります。

3 商の大きさ
ヒント
・わる数＞1 のとき、
商＜わられる数
・わる数＜1 のとき、
商＞わられる数

4 計算のくふう
分数になおして、と
ちゅうで約分をしま
しょう。

5 分数倍と計算
赤いテープの長さが、
もとにする量になりま
す。

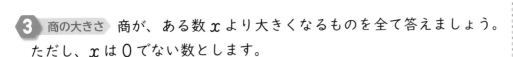

できるナビ　帯分数をふくむかけ算・わり算では、帯分数を仮分数になおしてから計算しよう。

まとめのテスト❶

時間 **20**分

得点

/100点

教科書 115〜131ページ　答え 12ページ

1 計算のまちがいを見つけて、正しく計算しましょう。 1つ5〔10点〕

① $\dfrac{5}{9} \div \dfrac{3}{10} = \dfrac{1}{6}$

② $\dfrac{2}{5} \div 5 = \dfrac{25}{2}$

2 よく出る 次の計算をしましょう。 1つ6〔36点〕

① $\dfrac{5}{8} \div \dfrac{7}{12}$

② $\dfrac{15}{7} \div \dfrac{9}{2}$

③ $3\dfrac{1}{2} \div 4\dfrac{2}{3}$

④ $20 \div \dfrac{5}{6}$

⑤ $1.8 \div 1\dfrac{1}{4}$

⑥ $\dfrac{9}{5} \div 4 \div 2.4$

3 2枚のカードで、数と数の商の大きさを比べて、大きいほうの（　　）に〇をつけましょう。

1つ5〔10点〕

①

| $\dfrac{3}{5}$ | $\dfrac{3}{5} \div \dfrac{7}{8}$ |

（　　　　）　（　　　　　）

②

| $\dfrac{9}{4} \div 1\dfrac{1}{6}$ | $\dfrac{9}{4}$ |

（　　　　）　（　　　　　）

4 縦の長さが $2\dfrac{1}{2}$ m で、面積が $1\dfrac{9}{16}$ m² の長方形があります。この長方形の横の長さは何m

ですか。 〔14点〕

（　　　　　　　　　　）

5 やかんに入っている水の量は $\dfrac{9}{10}$ L です。 1つ15〔30点〕

① コップに入っている水の量は、やかんに入っている水の量の $\dfrac{2}{3}$ 倍です。コップに入って

いる水の量は何L ですか。

（　　　　　　　　　　）

② 水とうに入っている水の量は $\dfrac{6}{7}$ L です。水とうに入っている水の量は、やかんに入って

いる水の量の何倍ですか。

（　　　　　　　　　　）

□分数のわり算のしかたはわかったかな？
□わる数と商の大きさの関係はわかったかな？

まとめのテスト❷

時間 20分

得点 ／100点

教科書 115〜131ページ　答え 12ページ

1 ⚫よく出る 次の計算をしましょう。 1つ7〔42点〕

① $\dfrac{5}{9} \div \dfrac{2}{3}$

② $\dfrac{7}{18} \div \dfrac{14}{9}$

③ $1\dfrac{2}{3} \div 3\dfrac{1}{8}$

④ $4 \div 1\dfrac{1}{7}$

⑤ $\dfrac{2}{5} \div 0.8$

⑥ $1\dfrac{1}{4} \div 1.5 \times 2\dfrac{2}{3}$

2 次の式で商が $1\dfrac{2}{5}$ よりも大きくなるとき、1 から 9 の整数の中で □ にあてはまる数を全て答えましょう。 〔10点〕

$$1\dfrac{2}{5} \div \dfrac{\Box}{4}$$

(　　　　　　)

3 ある水田で $\dfrac{7}{9}$ ha あたり 2.7 t の米がとれました。この水田が 2 ha あるとき、何 t の米がとれますか。 〔12点〕

(　　　　　　)

4 ある小学校の 5 年生の人数は 207 人で、6 年生の人数はその $\dfrac{8}{9}$ 倍です。6 年生の人数は何人ですか。 〔12点〕

(　　　　　　)

5 赤いリボンの長さは $\dfrac{2}{5}$ m、青いリボンの長さは $\dfrac{16}{25}$ m です。赤いリボンの長さは、青いリボンの長さの何倍ですか。 〔12点〕

(　　　　　　)

6 北町から東町までの道のりは $\dfrac{16}{15}$ km です。これは北町から西町までの道のりの $\dfrac{10}{3}$ 倍です。北町から西町までの道のりは何 km ですか。 〔12点〕

(　　　　　　)

ふろくの「計算練習ノート」10〜16ページをやろう！

チェック✔ □ 分数と小数が混じったわり算の計算はできたかな？
□ 分数を使ったわり算の式はつくれたかな？

① 並べ方
② 組み合わせ方

基本のワーク

学習の目標・
並べ方や組み合わせ方を
落ちや重なりがなく調べ
られるようになろう！

教科書 133〜140ページ　　答え 13ページ

基本 1　並べ方を求めることができますか。(1)

☆ ゆうたさん、しげるさん、まみさん、さくらさんの4人がリレー選手になりました。
4人の走る順番は全部で何通りありますか。

とき方　ゆうたさん→ゆ、しげるさん→し、まみさん→ま、さくらさん→さと表します。
　　ゆが第1走者だとすると、右の図のように ▢ 通
りあります。
　　しが第1走者のときも ^オ▢ 通り、まが第1走者
のときも ^カ▢ 通り、さが第1走者のときも ^キ▢
通りあるので、全部で ^ク▢ 通りになります。

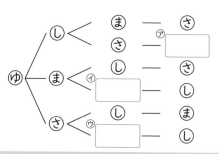

答え ▢ 通り

1　①、③、⑤の数字を書いたカードが1枚ずつあります。　📖 教科書 133ページ1
このカードを並べてできる3けたの整数は、全部で何通りありますか。
また、できる整数を全て書きましょう。

（　　　　　　　）（　　　　　　　　　　　）

2　⓪、①、②、③の数字を書いたカードが1枚ずつあります。　📖 教科書 133ページ1
このカードを並べてできる4けたの整数は、全部で何通りありますか。

（　　　　　　　）

基本 2　並べ方を求めることができますか。(2)

☆ 5円玉、10円玉、100円玉の順に1回ずつ投げます。
このとき、おもてと裏の出方は全部で何通りありますか。

とき方　おもてを〇、裏を●で表します。
　　5円玉がおもてのときを考えると、右の図のように
^イ▢ 通りあります。
　　5円玉が裏のときも ^ウ▢ 通りあるので、全部で
^エ▢ 通りになります。

5円玉　10円玉　100円玉

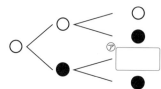

答え ▢ 通り

60

　基本 1 のとき方で使った図を樹形図といい、落ちや重なりがないように数えるためによ
く使うんだ。

3 おもてにA、裏にBと書かれたコインを1枚投げることを4回くり返します。
AとBの出方は全部で何通りありますか。　📖教科書 136ページ**3**

(　　　　　　　　)

4 なるみさんは、毎朝パンかご飯を食べます。3日間の食べ方は全部で何通りありますか。
📖教科書 136ページ**3**

(　　　　　　　　)

基本3 組み合わせ方を求めることができますか。

☆ ひろしさん、まことさん、あきさん、ゆりさんの4人が、1対1でテニスの試合をします。どの人も、他の人と1回ずつ試合をするとき、全部で何試合になりますか。

とき方 《1》 ひろしさん→ひ、まことさん→ま、あきさん→あ、ゆりさん→ゆと表します。
それぞれの相手を考えて

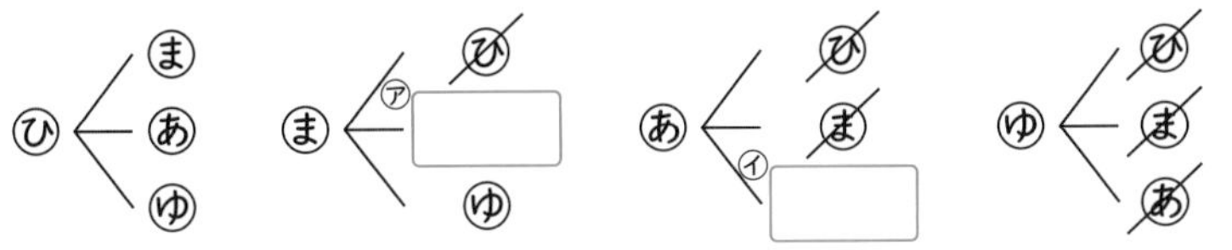

ひ ＜ ま / あ / ゆ　　ま ＜ ~~ひ~~ ㋐▢ / ~~ゆ~~　　あ ＜ ~~ひ~~ / ~~ま~~ ㋑▢　　ゆ ＜ ~~ひ~~ / ~~ま~~ / ~~あ~~

さんこう
ま─ひとひ─ま、あ─ひとひ─あ、
あ─まとま─あ、ゆ─ひとひ─ゆ、
ゆ─まとま─ゆ、ゆ─あとあ─ゆは
同じなので一方を消します。

上の図より、㋒▢ 試合
《2》 次のような表で表しましょう。

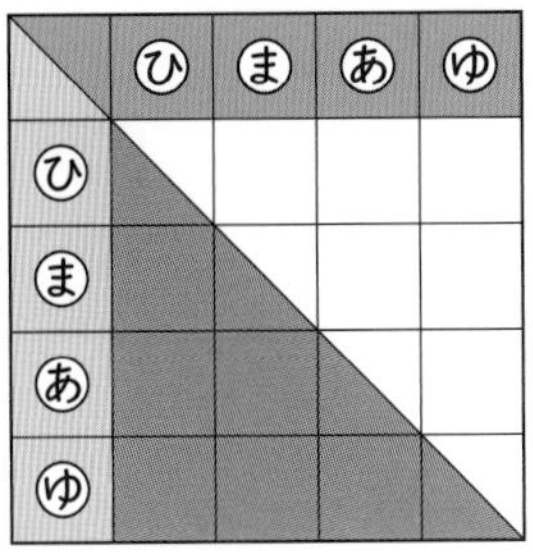

	ひ	ま	あ	ゆ
ひ				
ま				
あ				
ゆ				

ひ─ひ、ま─ま、あ─あ、ゆ─ゆは
ないので消します。
ま─ひとひ─ま、あ─ひとひ─あ、
ゆ─ひとひ─ゆ、あ─まとま─あ、
ゆ─まとま─ゆ、ゆ─あとあ─ゆは
同じなので同じ試合として数えます。
左の図より、㋓▢ 試合

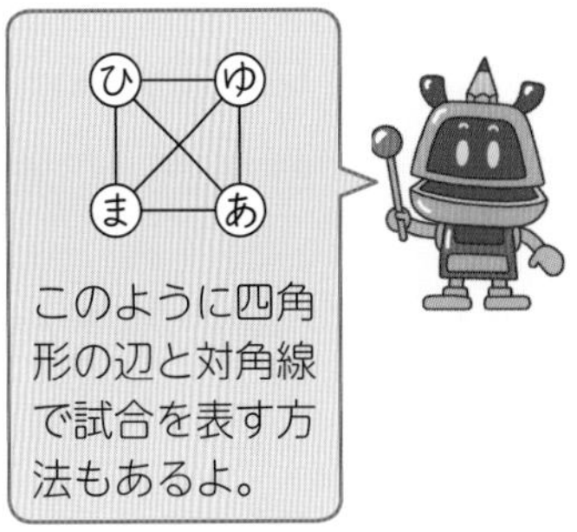

このように四角形の辺と対角線で試合を表す方法もあるよ。

答え ▢ 試合

5 赤、青、黄、緑、黒の5色の色紙が1枚ずつあります。　📖教科書 137ページ**1**
この中から、2枚の色紙を選ぶとき、全部で何通りの組み合わせがありますか。

(　　　　　　　　)

6 A、B、C、Dの4人の中から、委員を3人選びます。全部で何通りの組み合わせがありますか。　📖教科書 140ページ**2**

(　　　　　　　　)

ポイント 組み合わせでは、順番は関係ないので、同じものを消すことが大切です。

練習のワーク

できた数

／8問中

1 並べ方　次の問題に答えましょう。

① けんさん、ゆかさん、さとしさん、まやさんの4人が1人ずつ順番にゲームをします。ゲームをする順番は全部で何通りありますか。

（　　　　　　　）

② ①、②、③のカードが1枚ずつあります。このカードを並べて3けたの整数をつくります。

　⑦　3けたの整数は全部で何通りつくれますか。

（　　　　　　　）

　④　3けたの偶数は何通りつくれますか。

（　　　　　　　）

③ 100円玉を続けて3回投げます。おもてと裏の出方は全部で何通りありますか。

（　　　　　　　）

2 組み合わせ方(1)　次の問題に答えましょう。

① A、B、C、Dの4冊の本があります。この中から2冊の本を選ぶとき、選び方は全部で何通りありますか。

（　　　　　　　）

② 5円玉、10円玉、50円玉、100円玉がそれぞれ1枚ずつあります。この中から2枚を組み合わせてできる金額は、全部で何通りありますか。

（　　　　　　　）

③ 赤、青、黄、黒の旗が1本ずつあります。手に2本の旗をもつとき、何通りのもち方がありますか。

（　　　　　　　）

3 組み合わせ方(2)　A、B、C、D、Eの5チームで、サッカーの試合をします。どのチームも、他のチームと1回ずつ試合をするとき、全部で何試合になりますか。

（　　　　　　　）

できるナビ　図や表で表して、落ちや重なりがないか調べるといいね。

てびき

1 並べ方
① 下のような図に表して考えましょう。

②⑦ ①と同じような図に表して考えましょう。
④ 一の位は②になります。
③ おもてを○、裏を●として、

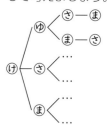

2 組み合わせ方(1)
① AとB、BとAは同じです。
② 下のような図に表して考えましょう。

③ 4つの旗のうち2つを選ぶ場合の数です。

3 組み合わせ方(2)
AとB、BとAは同じです。

まとめのテスト

得点

／100点

教科書 133〜142ページ 答え 14ページ

1 次の問題に答えましょう。 1つ10〔50点〕

① よく出る ゆうじさん、まみさん、たかしさん、ゆりさんの4人の中から、バレーボールクラブのキャプテンと副キャプテンを選びます。全部で何通りの選び方がありますか。

( )

② 右の図のように、家から駅へ行く道は3通り、駅から図書館へ行く道は4通りあります。家から図書館へ行く方法は全部で何通りありますか。

( )

③ [0]、[1]、[2]、[3]、[4] のカードが1枚ずつあります。このカードを並べて整数を作ります。

⑦ 2けたの整数は全部で何通りできますか。

( )

④ 2けたの偶数は全部で何通りできますか。

( )

⑦ 3けたの5の倍数は全部で何通りできますか。

( )

2 次の問題に答えましょう。 1つ10〔50点〕

① テニスクラブにあゆみさん、ゆうとさん、かなさん、つよしさん、まりさん、こうじさんの6人がいます。

⑦ 6人の中で、部長を1人選ぶとき、何通りの選び方がありますか。

( )

④ あゆみさんがしん判をして、残りの5人で試合をします。どの人も他の人と1回ずつ試合をするとき、全部で何試合になりますか。

( )

② 5円玉、10円玉、50円玉、100円玉、500円玉が1枚ずつあります。

⑦ この中から2枚を選んでできる金額は何通りありますか。

( )

④ この中から3枚を選んでできる金額は何通りありますか。

( )

③ 1枚のコインを続けて4回投げます。このとき、おもてと裏の出方は全部で何通りありますか。

( )

ふろくの「計算練習ノート」24〜26ページをやろう！

 チェック ✓ □ 並べ方を図にかいて調べることができたかな？
□ 組み合わせ方を、落ちや重なりがないように数えることができたかな？

① 比の表し方
② 等しい比 [その1]

基本のワーク

基本 1 比の表し方がわかりますか。(1)

☆ 右の図のように、ボールが入ったA、Bの箱があります。A、Bの箱に入ったボールの数の割合を比で表しましょう。

とき方 Aの箱に入ったボールの数は3個、Bの箱に入ったボールの数は5個なので、ボールの数の割合はAが3、Bが5です。

これを記号「：」を使って表すと、3：□ となります。

答え 3：□

たいせつ
記号「：」を使って表す割合を比といいます。
3：5は三対五と読みます。

---

1 次の割合を比で表しましょう。
📖 教科書 148ページ1

❶ おとなが8人、子どもが13人いる集まりの、おとなと子どもの人数の割合

(   )

❷ 塩11gと水75gを混ぜた食塩水の、塩と水の重さの割合

(   )

基本 2 比の表し方がわかりますか。(2)

☆ 右の図は、けんたさんとゆきさんがもっているえん筆の数を表しています。
❶ えん筆1本を1とみて、けんたさんのえん筆の数とゆきさんのえん筆の数の割合を比で表しましょう。
❷ えん筆2本を1とみて、けんたさんのえん筆の数とゆきさんのえん筆の数の割合を比で表しましょう。

けんたさん

ゆきさん

とき方 ❶ えん筆の数は、けんたさんが6本、ゆきさんが8本なので、6：□
❷ 2本を1とみると、けんたさんは2本の集まりが3つ、ゆきさんは2本の集まりが4つあるので、3：□

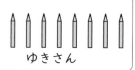

けんたさん	ゆきさん
6本	8本
②本 ②本 ②本	②本 ②本 ②本 ②本

答え ❶ 6：□   ❷ 3：□

---

2 赤えん筆18本と青えん筆24本の数の比を次のように表しました。それぞれ何本を1とみましたか。
📖 教科書 149ページ2

❶ 9：12   ❷ 3：4

(   )   (   )

さんすうはかせ 比を表す記号「：」は、昔、「わる」を表す記号として使われたことがあるよ。

☆ 右のように、A の箱にはりんごが 3 個、みかんが 5 個、
B の箱にはりんごが 6 個、みかんが 10 個入っています。

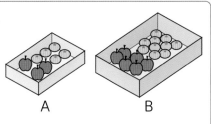

❶ A の箱のりんごの数とみかんの数の割合を比で表
しましょう。また、比の値を求めましょう。

❷ B の箱のりんごの数とみかんの数の割合を比で表
しましょう。また、比の値を求めましょう。

とき方 ❶ りんごが 3 個、みかんが 5 個だから、比は 3：□

比の値は、$3 \div 5 = \dfrac{\square}{5}$

❷ りんごが 6 個、みかんが 10 個だから、比は 6：□

比の値は、$6 \div 10 = \dfrac{\square}{5}$

たいせつ
$a：b$ の比の値は、
$a \div b$ で求められます。

たいせつ
$a：b$ で、a が b の何倍かを表した数を、比の値とい
います。比の値が等しいとき、比は等しいといいます。
(例) 3：5 = 6：10

答え ❶ 比…3：□ 、比の値…$\dfrac{\square}{5}$

❷ 比…6：□ 、比の値…$\dfrac{\square}{5}$

3 比の値を求めて、等しい比を見つけましょう。　📖 教科書 151ページ■

あ 4：6　い 10：25　う 4：10　え 12：18　お 9：12

（　　　　　　　　）

4 右の表で、りんごの数とみかんの数の比が等しいのは、A〜C
のうちどのグループとどのグループですか。📖 教科書 151ページ■

	りんご(個)	みかん(個)
A	6	9
B	10	12
C	8	12

（　　　　　　　　）

☆ 次の 2 つの等しい比で、□ にあてはまる数を求めましょう。
3：7 = 9：□

とき方 $a：b$ の、a と b に同じ数をかけても、a と b を同じ数でわっても比は等しくなり
ます。

$\overset{\times 3}{3：7 = 9：\square}$　または　$\overset{\div 3}{3：7 = 9：\square}$

答え □

5 次の比と等しい比を、それぞれ 2 つずつつくりましょう。　📖 教科書 152ページ❷

❶ 2：5　　　　　　　　　　❷ 20：15

（　　　　　　　）　　　　　　　（　　　　　　　）

ポイント　$a：b = (a \times \bigcirc)：(b \times \bigcirc)$　（ただし、○や△は 0 以外の数）
$a：b = (a \div \triangle)：(b \div \triangle)$

学習の目標・
整数の比、小数の比、分数の比を簡単にできるようになろう！

② 等しい比 [その2]

基本のワーク

教科書 153〜154ページ　　答え 14ページ

基本 1 比を簡単にすることができますか。(1)

☆ 右の表は、町の水泳クラブに入っている小学生の学年別の人数です。5年生と6年生の人数の比を、できるだけ小さな整数の比にしましょう。

	5年生	6年生
	24人	32人

とき方　$a:b$ と等しい比をつくるとき、a と b を同じ数でわってつくることができるので、24 と 32 の最大公約数で、それぞれをわります。

24 の約数…1、2、3、4、☐ 、8、12、24

32 の約数…1、2、4、8、☐ 、32

したがって、24 と 32 の最大公約数は ☐

$24:32 = (24 ÷ ☐):(32 ÷ ☐)$

$= 3 : ☐$

答え　3 : ☐

さんこう
〇、△の2つの数に共通な約数のうち、いちばん大きいものを、**最大公約数**といいます。

たいせつ
できるだけ小さな整数の比にすることを、**比を簡単にする**といいます。

最大公約数ではない公約数でわると、
$24:32 = (24 ÷ 2):(32 ÷ 2)$
$= 12 : 16$
これは、もっと簡単にできるよ。
だから、最大公約数でわるんだね。

1 次の比を簡単にしましょう。　　教科書 153ページ**3**

① 6 : 8　　　　② 4 : 14　　　　③ 8 : 26

（　　　　　）　（　　　　　）　（　　　　　）

2 次の比を簡単にしましょう。　　教科書 153ページ**3**

① 18 : 32　　　② 25 : 45　　　③ 32 : 80

（　　　　　）　（　　　　　）　（　　　　　）

④ 40 : 64　　　⑤ 120 : 300　　　⑥ 240 : 880

（　　　　　）　（　　　　　）　（　　　　　）

 さんすうはかせ　最も美しい比といわれるものに、黄金比があるよ。その比はおよそ 1 : 1.618 で、古代ギリシャの建築や美術、エジプトのピラミッドなどに見られるんだ。

☆ 次の比を簡単にしましょう。

① 1.5 : 2.4　　② $\dfrac{2}{3} : \dfrac{4}{7}$

とき方 $a:b$ と等しい比は、a と b に同じ数をかけてつくることができます。

① 小数の比は、それぞれの数を 10 倍、100 倍、…して、整数の比にして考えます。

$$1.5 : 2.4 = (1.5 \times \boxed{}) : (2.4 \times \boxed{})$$
$$= 15 : 24$$
$$= 5 : \boxed{}$$

整数の比にしたら、2 つの数の最大公約数でわって、比を簡単にしよう。

② 分数の比は、通分してから考えます。

通分は、分母の最小公倍数を分母にします。

$$\dfrac{2}{3} : \dfrac{4}{7} = \dfrac{14}{21} : \dfrac{\boxed{}}{21}$$
$$= \left(\dfrac{14}{21} \times \boxed{}\right) : \left(\dfrac{12}{21} \times \boxed{}\right)$$
$$= 14 : \boxed{}$$
$$= \boxed{} : 6$$

さんこう ○、△ の 2 つの数に共通な倍数のうち、いちばん小さいものを、最小公倍数といいます。（ただし、0 でない数とします。）

答え ① 5 : $\boxed{}$　　② $\boxed{}$: 6

3 次の比を簡単にしましょう。　　📖 教科書 154ページ 4

① 0.2 : 0.7　　② 0.3 : 1.4　　③ 0.6 : 2.4

(　　　　)　　(　　　　)　　(　　　　)

④ 3 : 0.8　　⑤ 4 : 2.4　　⑥ 1.4 : 7

(　　　　)　　(　　　　)　　(　　　　)

4 次の比を簡単にしましょう。　　📖 教科書 154ページ 4

① $\dfrac{3}{4} : \dfrac{5}{6}$　　② $\dfrac{2}{9} : \dfrac{5}{12}$　　③ $\dfrac{3}{8} : 1\dfrac{1}{5}$

(　　　　)　　(　　　　)　　(　　　　)

④ $1\dfrac{2}{3} : \dfrac{5}{6}$　　⑤ $\dfrac{3}{4} : 0.4$　　⑥ $\dfrac{5}{6} : 2.1$

(　　　　)　　(　　　　)　　(　　　　)

ポイント 分数と小数の混じった比を簡単にするときは、小数を分数にしてから考えます。

③ 比の利用

基本のワーク

学習の目標
比を使った問題を解くことができるようになろう！

基本 1 比を使った問題が解けますか。(1)

☆ 右の図のような長方形の画用紙があります。縦と横の長さの比が 2：3 になっています。横の長さが 60 cm のとき、縦の長さは何 cm になりますか。

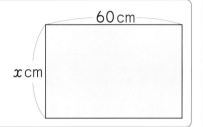
60 cm
x cm

とき方 《1》 縦の長さを x cm とすると、

×20
$$2：3＝x：60$$
×□

$$x＝2×\boxed{}$$
$$＝\boxed{}$$

《2》 縦の長さは横の長さの

$$2÷3＝\frac{2}{3}$$ になっています。

したがって、$60×\frac{2}{3}＝\boxed{}$

答え □ cm

等しい比は、
×□
あ：い＝う：え
×□
同じ数をかけてつくれるね。

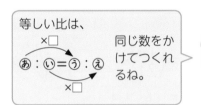

比の 1 にあたる大きさは、60÷3＝20(cm) だから、縦は、20×2＝40(cm) と考えることもできるよ。

---

1 x にあてはまる数を求めましょう。

教科書 155ページ**1**

① 6：5＝x：20

② 32：24＝4：x

（　　　　　）　　　　（　　　　　）

2 クラス会で、ジュースとお茶の量の比が 3：2 になるように用意します。ジュースを 18 L 用意するとき、お茶は何 L 用意すればよいですか。

教科書 155ページ**1**

（　　　　　）

3 ペットを飼っている人の数を調べました。犬を飼っている人とねこを飼っている人の人数の比は 5：8 でした。犬を飼っている人が 160 人いるとき、ねこを飼っている人は何人ですか。

教科書 155ページ**1**

（　　　　　）

教科書ワークの短い辺と長い辺の長さの比は、およそ 1：1.414 だよ。この比は、教科書ワークの長い辺を半分になるように折り曲げてもほぼ同じになるよ。

☆ 140枚の色紙をA、B2つのグループに分けます。AのグループとBのグループの枚数の比が3：4になるようにすると、Aのグループの色紙の枚数は何枚ですか。

とき方 右の図のように、Aの枚数を3、
Bの枚数を4とみると、全体の140枚は
3＋4＝7とみることができます。
Aの枚数を x 枚とし、全体の枚数との比を考えて、

140枚
A(3)　　B(4)

Aの枚数は、全体の $\frac{3}{7}$ とみることができるね。
だから、140× $\frac{3}{7}$（枚）としてもいいよ。

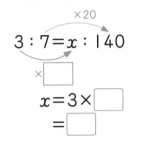

$$3：7＝x：140$$

$$x＝3×\boxed{}$$

$$＝\boxed{}$$

さんこう

比の1にあたる大きさは、
140÷7＝20（枚）だから、
20×3＝60（枚）と考えることもできます。

答え $\boxed{}$ 枚

4 2400gの米をA、B2つのふくろに分けて入れます。AのふくろとBのふくろに入れる米の重さの比を5：7にします。Aのふくろに入れる米の重さは何gですか。 📖教科書 156ページ**2**

(　　　　　　　)

☆ 1800円のおこづかいを、ゆりさんと弟、妹の3人で、金額の比が4：3：2になるように分けると、それぞれのおこづかいは何円になりますか。

とき方 右の図のように、ゆりさんがもらう金額を4、弟がもらう金額を3、妹がもらう金額を2とみると、全体の
1800円は4＋3＋2＝9となります。

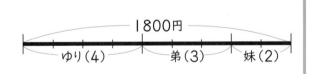

1800円
ゆり(4)　　弟(3)　　妹(2)

ゆりさん　1800× $\frac{\boxed{}}{9}$ ＝ $\boxed{}$

弟　　　　1800× $\frac{\boxed{}}{9}$ ＝ $\boxed{}$

妹　　　　1800× $\frac{\boxed{}}{9}$ ＝ $\boxed{}$

全体が4＋3＋2＝9だから、
1800÷9＝200より、
1にあたる量は200円になるね。

答え ゆり $\boxed{}$ 円、弟 $\boxed{}$ 円、妹 $\boxed{}$ 円

5 360cmの針金を3本に分けます。長さの比が5：4：3になるように分けると、それぞれ何cmになりますか。 📖教科書 158ページ

(　　　　　　　)

ポイント ある数量を2つまたは3つに分けるとき、全体がどのような割合で表されるかを考えます。
あ：いのときは全体はあ＋い、あ：い：うのときは全体はあ＋い＋うとなります。

練習のワーク①

教科書 147〜158ページ　答え 15ページ

1 割合の表し方　次の割合を比で表しましょう。

① あめ 15 個とグミ 7 個の、あめとグミの個数の割合

（　　　　　　　　）

② ジュース 4 L とお茶 9 L の、ジュースとお茶の量の割合

（　　　　　　　　）

2 等しい比　比の値を求めて、等しい比を見つけましょう。

あ 2：5　　い 6：4　　う 10：25　　え 8：10

（　　　　　　　　）

3 比(1)　次の比を簡単にしましょう。

① 10：16　　　　　　　　② 15：12

（　　　　　）　　　　　（　　　　　）

③ 0.7：3.5　　　　　　　④ 2.4：8.6

（　　　　　）　　　　　（　　　　　）

⑤ $\frac{2}{3}：\frac{2}{5}$　　　　　　　⑥ $1\frac{3}{4}：\frac{7}{12}$

（　　　　　）　　　　　（　　　　　）

⑦ $\frac{3}{8}：0.6$　　　　　　　⑧ $0.5：\frac{5}{9}$

（　　　　　）　　　　　（　　　　　）

4 比(2)　x にあてはまる数を求めましょう。

① 21：9＝7：x　　　　② 30：55＝x：11

（　　　　　）　　　　　（　　　　　）

5 比の問題　次の問題に答えましょう。

① 縦と横の長さの比が 4：5 になっている長方形の土地があります。縦の長さが 24 m のとき、横の長さは何 m になりますか。

（　　　　　　　　）

② 56 個のりんごをA、B 2 つの箱に、個数の比が 3：5 になるように分けて入れます。Aの箱には何個のりんごが入りますか。

（　　　　　　　　）

③ 72 個のキャラメルをA、B、Cの 3 つのふくろに、個数の比が 5：4：3 になるように入れます。それぞれのふくろのキャラメルは何個になりますか。

A（　　　　　）　B（　　　　　）　C（　　　　　）

1 割合の表し方

たいせつ

記号「：」を使って表す割合を比といいます。

2 等しい比

比の値が等しければ、等しい比です。

小数の比は整数にしてから、分数の比は通分してから考えるよ。

5 比の問題
① 4：5＝24：x となります。
② 3：5のとき、全体は 3＋5＝8 とみることができます。
③ 5：4：3のとき、全体は 5＋4＋3＝12 とみることができます。

できるナビ　$a：b$ の比の値は $a÷b$ で求められるよ。

練習のワーク②

できた数

／16問中

1 割合の表し方　次の割合を比で表しましょう。

① 縦の長さが 10cm、横の長さが 3cm の長方形の、縦と横の長さの割合　　　　　　　　　　　　　　　　　（　　　　　　　　）

② 青いリボン 3m と、赤いリボン 8m の、青いリボンと赤いリボンの長さの割合　　　　　　　　　　　　　　（　　　　　　　　）

2 等しい比　比の値を求めて、等しい比を見つけましょう。また、見つけた等しい比を等号を使って表しましょう。

ⓐ 6：9　　　ⓘ 18：36　　　ⓤ 3：4　　　ⓔ 24：36

ⓞ 24：45

等しい比（　　　　　　　　）　等号（　　　　　　　　）

3 比(1)　次の比を簡単にしましょう。

① 12：18　　　　　　　　　② 21：14
　　　　（　　　　　　）　　　　　　　　　（　　　　　　）

③ 0.9：2.7　　　　　　　　④ 8.4：3.5
　　　　（　　　　　　）　　　　　　　　　（　　　　　　）

⑤ $\frac{5}{6}：\frac{3}{8}$　　　　　　　　　⑥ $1.5：\frac{2}{3}$
　　　　（　　　　　　）　　　　　　　　　（　　　　　　）

4 比(2)　x にあてはまる数を求めましょう。

① $5：3 = x：15$　　　　　② $2：8 = 7：x$
　　　（　　　　　　）　　　　　　　（　　　　　　）

③ $6：x = 15：5$　　　　　④ $x：4 = 35：14$
　　　（　　　　　　）　　　　　　　（　　　　　　）

5 比の問題　次の問題に答えましょう。

① あるサッカークラブの小学生と中学生の人数の割合は、5：3 になっています。小学生は 25 人います。中学生は何人いますか。
　　　　　　　　　　　　　　　　　　（　　　　　　　　）

② ある日のテーマパークの入場者数は 4600 人で、おとなと子どもの人数の比は 2：3 でした。子どもの人数は何人でしたか。
　　　　　　　　　　　　　　　　　　（　　　　　　　　）

できる ナビ　比を簡単にすると、2 つの数の大きさの割合がわかりやすくなったり、等しい比を見つけやすくなったりするよ。

てびき

1 割合の表し方

ちゅうい

$a：b$ と $b：a$ はちがう比を表しているので書きまちがえないようにしましょう。

2 等しい比

等しい比は、$a：b = c：d$ のように等号を使って表します。

3 比(1)

④ $8.4：3.5 = (8.4 × 10)：(3.5 × 10) = 84：35$ です。
84 と 35 は、1 以外であと 1 つだけ公約数があります。

⑥ $1.5 = \frac{15}{10} = \frac{3}{2}$ です。

5 比の問題

① $5：3 = 25：x$ となります。

② おとなと子どもの人数の比が 2：3 なので、全体を 2+3＝5 とみることができます。

勉強した日　月　日

まとめのテスト❶

時間 20分　得点 /100点

教科書 147〜158ページ　答え 15ページ

1 バスに乗っているおとな13人と子ども17人の人数の割合(わりあい)を比で表しましょう。〔5点〕

(　　　)

2 比の値(あたい)を求めて、等しい比を見つけましょう。〔5点〕

㋐ 8：3　㋑ 7：9　㋒ 40：13　㋓ 24：9　㋔ 42：54

(　　　)

3 次の比を簡単(かんたん)にしましょう。1つ5〔45点〕

❶ 12：46 (　　　)　❷ 36：28 (　　　)　❸ 2.7：0.6 (　　　)

❹ 3.2：4.4 (　　　)　❺ $\frac{2}{5}:\frac{3}{4}$ (　　　)　❻ $\frac{5}{6}:3\frac{1}{3}$ (　　　)

❼ $\frac{3}{5}:1.5$ (　　　)　❽ $0.7:\frac{14}{15}$ (　　　)　❾ $1.4:2\frac{3}{5}$ (　　　)

4 よく出る xにあてはまる数を求めましょう。1つ5〔15点〕

❶ $2:7=14:x$ (　　　)　❷ $63:35=x:5$ (　　　)　❸ $6:x=14:63$ (　　　)

5 あるグループで、めがねをかけている人とめがねをかけていない人の人数の比は2：5です。めがねをかけている人が12人のとき、めがねをかけていない人は何人ですか。〔10点〕

(　　　)

6 おこづかい5500円を、兄と妹が7：4の比になるように分けます。それぞれのおこづかいは何円ですか。1つ5〔10点〕

兄(　　　)　妹(　　　)

7 520枚(まい)の色紙をA、B、Cの3つのグループに分けます。A、B、C3つのグループの枚数の比が6：3：4になるように分けるとき、それぞれのグループの色紙の枚数は何枚ですか。〔10点〕

(A　　B　　C　　)

チェック✓
□割合を比で表すことができたかな？
□等しい比を見つけることができたかな？

まとめのテスト❷

時間 **20**分

得点 　　　/100点

教科書 147〜158ページ　　答え 16ページ

1 等しい比を見つけましょう。 〔5点〕

あ 4：9　　い 5：15　　う 8：16　　え 15：10　　お 9：4

か 12：26　　き 35：60　　く 7：15　　け 18：28　　こ 14：24

（　　　　　　　）

2 よく出る 次の比を簡単にしましょう。 1つ5〔45点〕

① 9：15 　　② 20：32 　　③ 14：49

（　　　　　）　　（　　　　　）　　（　　　　　）

④ 1.5：2.4 　　⑤ 0.4：20 　　⑥ $\dfrac{8}{3}：\dfrac{5}{4}$

（　　　　　）　　（　　　　　）　　（　　　　　）

⑦ $1\dfrac{2}{3}：3$ 　　⑧ $2.4：\dfrac{8}{5}$ 　　⑨ $1.2：0.4：\dfrac{1}{4}$

（　　　　　）　　（　　　　　）　　（　　　　　）

3 よく出る x にあてはまる数を求めましょう。 1つ5〔20点〕

① $5：2 = x：16$ 　　② $18：x = 2：\dfrac{1}{3}$

（　　　　　）　　　　　　（　　　　　）

③ $x：1.2 = 5：6$ 　　④ $0.5：4 = \dfrac{2}{5}：x$

（　　　　　）　　　　　　（　　　　　）

4 縦の長さと横の長さの比が 4：5 の長方形の画用紙があり、縦の長さは 12.4cm です。横の長さは何cmですか。 〔10点〕

（　　　　　）

5 全部で 220 枚あるカードを、兄と弟で分けます。兄がもらう枚数と弟がもらう枚数の比を 4：7 にするとき、弟がもらう枚数は何枚ですか。 〔10点〕

（　　　　　）

6 おにぎりを 42 個買ってきました。おにぎりの具は梅とおかかとこんぶの 3 種類で、個数の比は 2：3：1 でした。おかかのおにぎりは何個ですか。 〔10点〕

（　　　　　）

チェック☑

□ 比を簡単にすることはできたかな？
□ 比を使った問題を解くことができたかな？

ふろくの「計算練習ノート」19〜20ページをやろう！

勉強した日 月 日

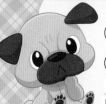

① 拡大図と縮図
② 拡大図と縮図のかき方 [その1]
基本のワーク

学習の目標
拡大図と縮図を理解し、方眼にかくことができるようになろう！

教科書 162～167ページ　答え 16ページ

基本1 拡大図と縮図がわかりますか。

☆ 右の図で、あと同じ形に見えるものはどれですか。

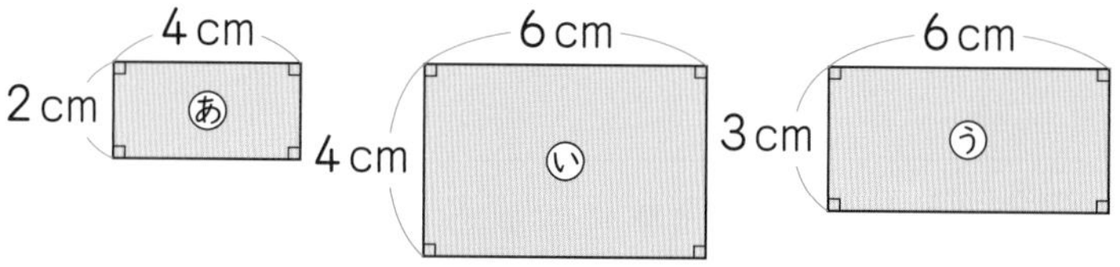

4cm
2cm
あ
6cm
4cm
い
6cm
3cm
う

とき方 対応する角の大きさが等しく、対応する辺の長さの比が等しいとき、図形は同じ形といえます。

あといについて、

縦(たて)の長さの比　2：4＝1：2

横の長さの比　4：6＝2：□

したがって、縦の長さの比と横の長さの比が等しくないので、同じ形といえません。

あとうについて、

縦の長さの比　2：3

横の長さの比　4：6＝2：□

したがって、縦の長さの比と横の長さの比が等しいので、同じ形といえます。

答え □

さんこう
右の図で、辺ABと辺DE、辺BCと辺EF、辺CAと辺FD、角Aと角D、角Bと角E、角Cと角Fはそれぞれ対応しています。

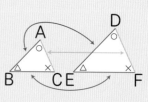

A
B
C
D
E
F

うはあを1.5倍に拡大しているので、1.5倍の拡大図といい、あはうを$\frac{2}{3}$に縮(ちぢ)めているので、$\frac{2}{3}$の縮図というよ。

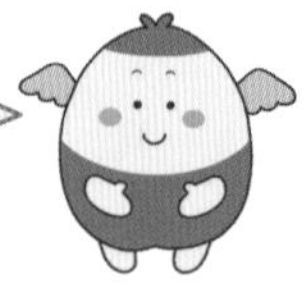

たいせつ
対応する角の大きさがそれぞれ等しく、対応する辺の長さの比が全て等しくなるようにのばした図を**拡大図**(かくだいず)といい、縮めた図を**縮図**(しゅくず)といいます。

1 次の図で同じ形といえるものはどれとどれですか。 教科書 163ページ1

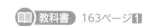

4cm
5cm
あ
6cm
3cm
4cm
い
6cm
2cm
2.5cm
う
3cm
3cm
3cm
え
5cm

(　　　　)

2 右のあ～うの直角三角形で、あの拡大図はどれですか。また、何倍の拡大図ですか。 教科書 163ページ1

あ
2cm
5cm
い
4cm
10cm
う
8cm
12cm

(　　　　)(　　　　)倍

さんすうはかせ
拡大図は図かんなどで、縮図は地図や設計図などで使われるよ。身のまわりの拡大図や縮図をさがしてみよう。

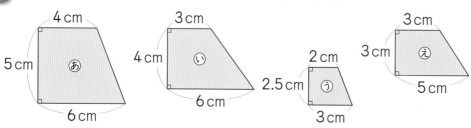

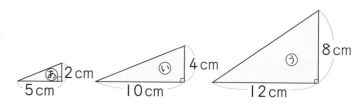

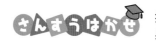

☆ 右のような三角形 ABC があります。

① 三角形 ABC を 2 倍に拡大した三角形 DEF をかきましょう。

② 三角形 ABC を $\frac{1}{3}$ に縮めた三角形 GHI をかきましょう。

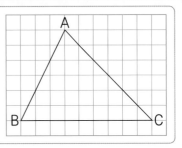

とき方 ① 辺 BC の長さを □ 倍にした辺 EF をかきます。

辺 AB は右に 3 ます、上に 6 ますの長さなので、辺 DE は右に □ ます、上に □ ますの長さにすると、辺 AB の 2 倍になります。

② 辺 BC の長さを □ に縮めた辺 HI をかきます。

辺 GH は右に □ ます、上に □ ますの長さにすると、辺 AB の $\frac{1}{3}$ になります。

答え ①

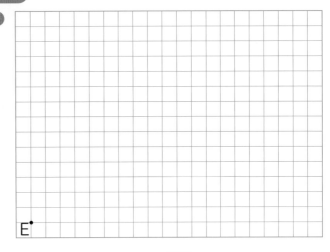

答え ②

③ 右のような平行四辺形 ABCD があります。 📖 教科書 166ページ 1

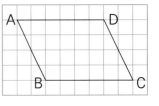

① 平行四辺形 ABCD を 3 倍に拡大した平行四辺形 EFGH をかきましょう。

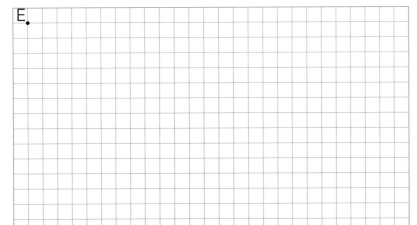

辺 EH は何ますになるかな？

② 平行四辺形 ABCD を $\frac{1}{2}$ に縮めた平行四辺形 IJKL をかきましょう。

ポイント 方眼を使って拡大図や縮図をかくとき、基準となる点や線をかいてから、右にいくつ進んで上にいくつ進むなど、数えまちがいのないように注意しましょう。

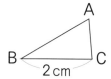

学習の目標・
方眼を使わないで、拡大図、縮図をかくことができるようになろう！

② 拡大図と縮図のかき方 [その2]

基本のワーク

教科書 167〜169ページ   答え 16ページ

基本 1 方眼を使わずに拡大図と縮図がかけますか。

☆ 右のような三角形ABCがあります。3倍に拡大した三角形DEFをかきましょう。

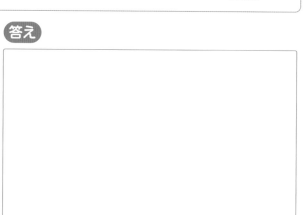

とき方 下の3通りのいずれかでかきます。

《1》 3つの辺の長さをそれぞれ □ 倍にした長さを使ってかきます。

《2》 2つの辺の長さをそれぞれ □ 倍にした長さと、その間の角の大きさを使ってかきます。

《3》 1つの辺の長さを □ 倍にした長さと、その両はしの角の大きさを使ってかきます。

答え

1 右のような三角形ABCがあります。2倍の拡大図と $\frac{1}{2}$ の縮図をかきましょう。

📖教科書 167ページ2

❶ 拡大図

❷ 縮図

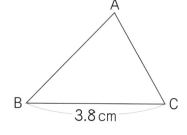

方眼を使わない拡大図、縮図には、3通りのかき方があるよ。

さんすうはかせ コピー機を使うと、拡大図や縮図を簡単に作ることができるね。コピーするときの倍率は、百分率で表示されるよ。

☆ 右のような三角形ABC があります。

● 辺AB、AC をのばして、2倍に拡大した三角形ADE をかきましょう。

❷ 辺AB、AC を縮めて、$\frac{1}{2}$ に縮めた三角形AFG をかきましょう。

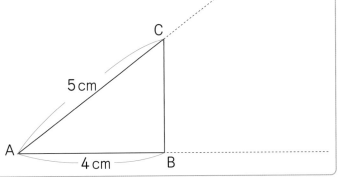

5cm

A

4cm   B

C

とき方 ● ① 辺AD の長さが辺AB の長さの [　　　] 倍になるように、辺AB をのばして点D をとります。

② 辺AE の長さが辺AC の長さの [　　　] 倍になるように、辺AC をのばして点E をとります。

③ 点D と点E、点A と点D、点A と点E を結びます。

❷ ① 辺AF の長さが辺AB の長さの [　　　] になるように、辺AB の上に点F をとります。

② 辺AG の長さが辺AC の長さの [　　　] になるように、辺AC の上に点G をとります。

③ 点F と点G を結びます。

答え [上の図に記入]

2 右のような四角形があります。

📖教科書 169ページ❸

● 1.5 倍の拡大図をかきましょう。

❷ $\frac{1}{3}$ の縮図をかきましょう。

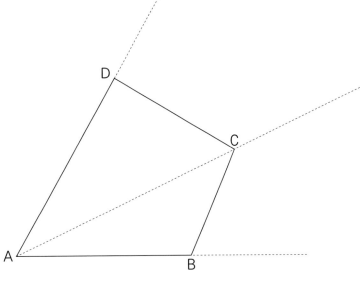

D

C

A

B

❶はAB、AC、AD の長さを1.5 倍に拡大しよう。
❷はAB、AC、AD の長さを$\frac{1}{3}$ に縮めよう。

ポイント 基本**2** は点A が決まっていて、2つの辺の長さとその間の角の大きさがわかるので、基本**1** の**とき方** 《2》のかき方になります。

11 形が同じ図形を調べよう ■拡大図と縮図

③ 縮図の利用

基本の<ruby>ワーク<rt></rt></ruby>

教科書 170〜173ページ　答え 17ページ

基本 **1** 縮図と実際の図との関係がわかりますか。

☆ 右の図は、ある建物の縮図です。
　AF の実際の長さは 60m ですが、縮図では 3cm
　になっています。

　❶　何分の一の縮図ですか。

　❷　右の縮図の 1cm は、実際には何 m ですか。

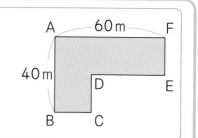

とき方 ❶　（縮図での長さ）÷（実際の長さ）で、どれくらい縮めたかがわかります。

　60m＝6000cm だから、

$$3 \div 6000 = \frac{1}{\boxed{}}$$

答え $\frac{1}{\boxed{}}$

 **ちゅうい**

単位をそろえましょう。
× 3÷60
○ 3÷6000

たいせつ

実際の長さを縮めた割合を、**縮尺**といいます。
縮尺には、次のような表し方があります。

$\frac{1}{2000}$　　　1：2000　　

0　　　　40m なら
縮図上でこの太線の長さは 40m になるよ。

❷　縮尺が $\frac{1}{2000}$ なので、

　　1×2000＝2000　2000cm＝ $\boxed{}$ m

答え $\boxed{}$ m

---

1 右の図は、ある公園の縮図です。AD の実際の長さは 300m ですが、縮図では 5cm になっています。

📖 教科書 170ページ**1**

　❶　何分の一の縮図ですか。

（　　　　　　　　）

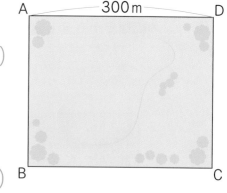

　❷　右の縮図の 1cm は、実際には何 m ですか。

（　　　　　　　　）

　❸　右の縮図の AB の長さをはかって、実際の長さを求めましょう。

（　　　　　　　　）

 「縮図」という言葉は、算数以外でも使われることがあるよ。「社会の縮図」とかね。

☆ 右の図のように、地面に垂直に立てた長さ 1.5 m の棒のかげの長さが 2 m ありました。

電柱のかげの長さが 10 m のとき、電柱の実際の高さは何 m ですか。

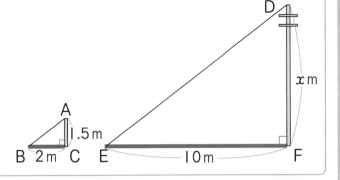

とき方 上の図で、三角形 ABC は三角形 DEF の縮図になっています。

縮尺は 2÷10＝$\dfrac{1}{\boxed{}}$ です。

したがって、実際の電柱の高さは、

1.5×$\boxed{}$＝$\boxed{}$

EF が BC の 5 倍だから、DF も AC の 5 倍になると考えてもいいね。

答え $\boxed{}$ m

2 たけるさんが、ビルから 60 m はなれた場所でビルを見上げたら、右の図のようになりました。たけるさんの目の高さを 1.3 m とします。

📖 教科書 172ページ**2**

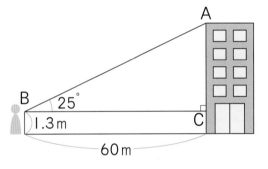

❶ 三角形 ABC の $\dfrac{1}{1000}$ の縮図をかきましょう。

$\dfrac{1}{1000}$ の縮図で AC に対応する辺の長さをはかると…

❷ ビルの実際の高さは何 m ですか。

たけるさんの目の高さをたすんだよ。

（　　　　　　）

ポイント 縮図では、対応する辺の長さを比べます。

練習のワーク

教科書 162〜175ページ　答え 17ページ

できた数

/6問中

1 拡大図と縮図のかき方　右の三角形ABC の 2 倍の

拡大図と $\frac{1}{2}$ の縮図をかきましょう。

B —— 2.8 cm —— C

① 2 倍の拡大図

② $\frac{1}{2}$ の縮図

2 縮図と長さ　右の図は、ある公園の縮図です。
AD の実際の長さは 50 m ですが、縮図では
2.5 cm になっています。

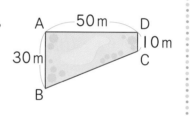

① 何分の一の縮図ですか。

（　　　　　　　　　）

② 右上の縮図の 1 cm は、実際には何 m ですか。

（　　　　　　　　　）

③ 右上の縮図の BC の長さをはかって、実際の長さを求めましょう。

（　　　　　　　　　）

3 縮図の利用　みちるさんが、電柱から 20 m
はなれた場所で電柱を見上げたら、右の図のよ
うになりました。みちるさんの目の高さを
1.2 m とし、三角形ABC の $\frac{1}{500}$ の縮図をか

いて、電柱の実際の高さを求めましょう。

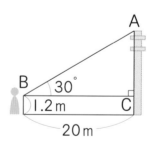

（　　　　　　　　　）

てびき

1 拡大図と縮図の
かき方

① 三角形の 2 倍の
拡大図のかき方は、
次の 3 通りです。
《1》3 つの辺の長さ
を 2 倍にした長
さを使う。
《2》2 つの辺の長さ
を 2 倍にした長
さと、その間の角
の大きさを使う。
《3》1 つの辺の長さ
を 2 倍にした長
さと、その両はし
の角の大きさを使
う。

2 縮図と長さ
① 50 m＝5000 cm
縮尺は
2.5÷5000 で
求めます。

3 縮図の利用

ちゅうい

みちるさんの目の
高さを、忘れずに
たしましょう。

縮図でAC に対応
する辺の長さをは
かろう。

できるナビ　拡大図や縮図では、対応する角の大きさはそれぞれ等しく、対応する辺の長さの比も全て
等しくなっているね。

まとめのテスト

時間 20分

得点

/100点

1 よく出る 次の四角形ABCD の 2 倍の拡大図と $\frac{1}{2}$ の縮図をかきましょう。

1つ14〔28点〕

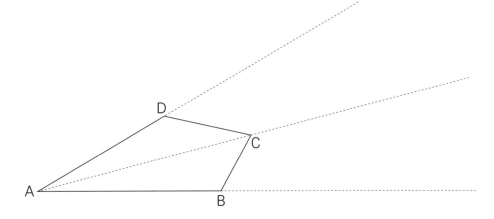

2 右の図は、ある土地の縮図です。AD の実際の長さは 250m ですが、縮図では 5cm になっています。

1つ12〔36点〕

① 何分の一の縮図ですか。

（　　　　　　　）

② 右の縮図の 1cm は、実際には何m ですか。

（　　　　　　　）

③ 直線AB の長さをはかって、実際の長さを求めましょう。

（　　　　　　　）

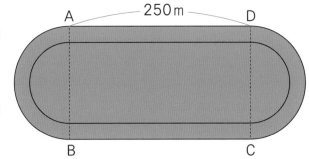

3 右の図のように、地面に垂直に立てた 0.9m の棒のかげの長さが 1.5m ありました。

このとき、木のかげの長さは 12m ありました。

1つ12〔36点〕

① 三角形ABC は、三角形DEF の何分の一の縮図になっていますか。

（　　　　　　　）

② 木の実際の高さは何m ですか。

（　　　　　　　）

③ 同じときに、高さ 9.6m の建物のかげができていました。かげの長さは何m ですか。

（　　　　　　　）

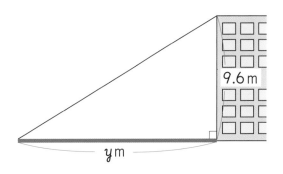

□ 拡大図、縮図はかけたかな？
□ 縮図を利用して、実際の長さを求められたかな？

12 ともなって変わる2つの量の関係を調べよう ■比例と反比例

① 比例

基本のワーク

教科書 181〜187ページ　｜　答え 18ページ

基本 1　比例の関係がわかりますか。(1)

☆ 同じ色紙の枚数（まいすう）を変えて、重さをはかると、次の表のようになりました。重さが270gのときの色紙の枚数を求めましょう。

色紙の枚数 （枚）	40	80	120	160	…	x
色紙の重さ （g）	18	36	54	72	…	270

とき方　表を調べると、色紙の枚数が2倍、3倍、4倍、…になると、色紙の重さも2倍、3倍、4倍、…になります。

色紙の枚数 （枚）	40	80	120	160	…	x
色紙の重さ （g）	18	36	54	72	…	270

このような関係を比例の関係といいます。

色紙の重さが270gのとき、重さは、270÷18＝□（倍）になっています。

色紙の枚数も□倍になるので、40×□＝□（枚）

答え　□枚

1 同じ色紙の枚数を変えて、厚さをはかると、次の表のようになりました。　📖教科書 181ページ **1**

色紙の枚数 （枚）	40	80	120	160	…	x
色紙の厚さ(cm)	0.4	0.8	1.2	1.6	…	4.4

❶　色紙の厚さは、色紙の枚数に比例していますか。

（　　　　　　　　　）

❷　厚さが4.4cmのときの色紙の枚数を求めましょう。

（　　　　　　　　　）

2 太さが一定の針金（はりがね）の重さをはかると、次の表のようになりました。この針金の重さが2700gのときの長さを求めましょう。　📖教科書 181ページ **1**

針金の長さ （m）	1	2	3	4	…	x
針金の重さ （g）	180	360	540	720	…	2700

（　　　　　　　　　）

さんすうはかせ　yがxに比例することを、「$y \propto x$」と書くことがあるんだって。

☆ 次のあ、①で、2つの量 x と y が比例しているのはどちらですか。

　あ　10mの道のりを、分速 x mで進むときにかかる時間 y 分

　①　10分間進むとき、分速 x mで進める道のり y m

とき方　表に表して調べましょう。

あ

速さ　分速x(m)	1	2	3	4	5
時間　y(分)	⑦	④	⑦	㊙	㊦

①

速さ　分速x(m)	1	2	3	4	5	6	7
道のり　y(m)	10	㋕	㋖	㋗	㋘	㋙	㋚

たいせつ

y が x に比例するとき、x の値が $\frac{1}{2}$ 倍、$\frac{1}{3}$ 倍、$\frac{1}{4}$ 倍、…になると、それにともなって、y の値も $\frac{1}{2}$ 倍、$\frac{1}{3}$ 倍、$\frac{1}{4}$ 倍、…になります。

答え [　　]

---

3 次のあ、①で、2つの量 x と y が比例しているのはどちらですか。　📖 教科書 184ページ**2**

　あ　158ページある本を読むときの、読んだページ数 x ページと残りのページ数 y ページ

　①　底辺が6cmの平行四辺形の、高さ x cmと面積 y cm²

(　　　　　　　　)

☆ 次の表は、ある特急列車の走る時間 x 分と、進む道のり y kmの関係を表しています。

時間　x(分)	1	2	3	4	5	6	7	8
道のり　y(km)	3	6	9	12	15	18	21	24

　❶　時間 x の値が5から7に変わるとき、x の値は何倍になりますか。

　　そのとき、対応する道のり y の値は何倍になりますか。

　❷　時間 x の値が5から2に変わるとき、x の値は何倍になりますか。

　　そのとき、対応する道のり y の値は何倍になりますか。

とき方　❶　x…$7 \div 5 =$ [　]、y…$21 \div$ [　] $=$ [　]　**答え** x…[　]倍、y…[　]倍

　❷　x…$2 \div 5 =$ [　]、y…[　] $\div 15 =$ [　]　**答え** x…[　]倍、y…[　]倍

---

4 次の表は、ある針金の長さ x cmと、その針金の重さ y gの関係を表しています。

📖 教科書 186ページ**3**

長さ　x(cm)	10	20	30	40	50	60	70
重さ　y(g)	2	4	6	8	10	12	14

　❶　x の値が50から20になると、x の値は何倍になりますか。

　　そのとき、y の値は何倍になりますか。　　x (　　　　　　) y (　　　　　　)

　❷　x の値が30から70になると、x の値は何倍になりますか。

　　そのとき、y の値は何倍になりますか。　　x (　　　　　　) y (　　　　　　)

ポイント　比例では、x の値が2倍、3倍、4倍、…になると、それにともなって y の値も2倍、3倍、4倍、…になります。

12 ともなって変わる2つの量の関係を調べよう ■比例と反比例

② 比例の式
③ 比例のグラフ
基本のワーク

教科書 188〜194ページ　答え 18ページ

学習の目標・
比例の式がわかり、比例のグラフがかけるようになろう！

基本 1 比例の式がわかりますか。

☆ 次の表は、あるお茶の量 x L と、その代金 y 円の関係について表しています。

お茶 x(L)	1	2	3	4	5	6	7	8	9	10
代金 y(円)		160		320			560			

❶ 代金 y 円は、お茶の量 x L に比例していますか。

❷ x の値が9のときの、y の値を求めましょう。

❸ y を x の式で表しましょう。

とき方 ❶ x の値が2から4と2倍になると、y の値は160から320と2倍になっています。また、x の値が2から7と3.5倍になると、y の値は160から560と □ 倍になっています。　**答え** 比例して □

❷ x の値が2のとき、160÷2＝80より、y は x の80倍になっています。
x の値が9のときの y の値は、
9×□＝□　**答え** □

❸ y を x でわった商はいつも80になるので、
y＝□×x　**答え** y＝□×x

たいせつ
y が x に比例するとき、x と y の関係を表す式は
y÷x＝決まった数
となります。

y＝ 決まった数× x
と表すこともあるよ。

❶ 次の表は、ある電車が走る時間 x 秒と、進む道のり y m の関係を表しています。

📖教科書 188ページ❶

走る時間 x(秒)	1	2	3	4	5	6	7
進む道のり y(m)	20	40	60	80	100	120	140

❶ y は x に比例していますか。

(　　　　　　)

❷ y を x の式で表しましょう。

(　　　　　　)

❸ x の値が12のときの y の値を求めましょう。

(　　　　　　)

❹ y の値が340のときの x の値を求めましょう。

(　　　　　　)

さんすうはかせ　比例のことを正比例ということもあるよ。また、2人の年れいの差など、差が一定の関係は、グラフで0の点を通っていないので、比例ではないよ。

☆ 次の表は、縦の長さが6cmの長方形の横の長さ x cm と面積 y cm² の関係を表したものです。

横の長さ x（cm）	1	2	3	4	5	6	7	8	9
面積 y（cm²）	6	12	18	24	30	36	42	48	54

❶ 上の表の、横の長さ x の値と面積 y の値の組を表す点を、右の方眼に表しましょう。

❷ ❶の点を結んでグラフをかきましょう。

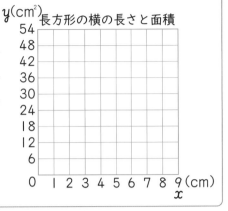
長方形の横の長さと面積

とき方 ❶ x の値が1、y の値が6の点、x の値が2、y の値が12の点、……と順にとっていきます。

答え 上の図に記入

❷ ❶でとった点に定規をあてると、これらの点はまっすぐにならんでいます。

また、x の値が0のとき、y の値も ☐ です。

それぞれの点を直線で結びます。

答え 上の図に記入

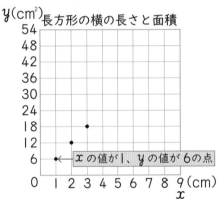
長方形の横の長さと面積
x の値が1、y の値が6の点

たいせつ
比例する2つの量の関係を表すグラフは、0の点を通る直線になります。

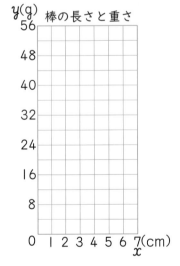
x の値が1.5、2.5、…のときの y の値も調べてみよう。

2 次の表は、ある金属の棒の長さ x cm と、その棒の重さ y g の関係を表したものです。 📖教科書 191ページ**1**

棒の長さ x（cm）	1	2	3	4	5	6	7
棒の重さ y（g）	8	16	24	32	40	48	

棒の長さと重さ

❶ x と y の関係をグラフに表しましょう。

❷ グラフから、棒の長さが7cmのときの、棒の重さを求めましょう。

（　　　　　）

❸ x の値が13のときの y の値を求めましょう。

（　　　　　）

❹ y の値が128のときの x の値を求めましょう。

（　　　　　）

ポイント 比例の関係を表すグラフは、0の点を通る直線になります。

12 ともなって変わる2つの量の関係を調べよう ■比例と反比例

④ 反比例　⑤ 反比例の式
⑥ 反比例のグラフ

基本のワーク

学習の目標・
反比例の関係と、その式やグラフを理解しよう！

| 教科書 | 195〜200ページ | 答え | 18ページ |

基本 1 反比例の関係がわかりますか。

☆ 次の表は、水が 36 L 入る水そうに毎分 x L の水を入れるとき、水そうがいっぱいになるのにかかる時間を y 分として、x と y の関係を表したものです。

毎分入れる水　x（L）	1	2	3	4	5	6
かかる時間　y（分）	36	18	12	9	7.2	6

❶ x の値が 2 倍、3 倍、4 倍、…になると、y の値はどのように変わりますか。

❷ y は x に反比例していますか。

とき方 ❶　表を調べると、たとえば、x の値が、1 から 2 の 2 倍になるとき、y の値は、
$18 \div 36 =$ ☐ （倍）になっています。　　　答え ☐ 倍、☐ 倍、☐ 倍、…になる。

❷ ❶から、y は x に ☐ しています。　　　答え 反比例して ☐

たいせつ

2 つの量 x、y があって、x の値が 2 倍、3 倍、4 倍、……になると、それにともなって、y の値が $\frac{1}{2}$ 倍、$\frac{1}{3}$ 倍、$\frac{1}{4}$ 倍、……になるとき、y は x に **反比例** するといいます。

---

❶ 面積が 24 cm² の長方形の、縦の長さを x cm、横の長さを y cm とします。　📖 教科書 195ページ■

❶ x と y の関係を次の表に表しましょう。

縦　x（cm）	1	2	3	4	5	6
横　y（cm）	24	㋐	㋑	㋒	㋓	㋔

❷ y は x に反比例していますか。　　　（　　　　　　　　）

基本 2 反比例の式がわかりますか。

☆ 右の表は、24 km の道のりを進むときの、時速 x km と、かかる時間 y 時間の関係を表したものです。
x の値と y の値の積から、x と y の関係を式に表しましょう。

時速　　　x（km）	1	2	3	4
かかる時間　y（時間）	24	12	8	6

とき方　$1 \times 24 = 24$、$2 \times 12 = 24$、
$3 \times 8 = 24$、…となり、いつも $x \times y =$ ☐

たいせつ

y が x に反比例するとき、
$y =$ 決まった数 $\div x$ または、
$x \times y =$ 決まった数 となります。

答え ☐

さんすうはかせ　反比例のグラフは双曲線とよばれる曲線になるよ。この曲線がグラフの縦軸や横軸と交わることはないよ。

2 次の表は、面積が 36 cm² の長方形の、縦 x cm と、横 y cm の関係を表しています。

教科書 198ページ**1**

縦 x(cm)	1	2	3	4	5
横 y(cm)	36	18	12	9	7.2

① y を x の式で表しましょう。

（　　　　　　　　　）

② x の値が 8 のときの y の値を求めましょう。

（　　　　　　　　　）

> x と y の積は、面積を表しているから、いつも決まった数になるよ。

基本 3 反比例のグラフがわかりますか。

☆ 次の表は、面積が 12 cm² の平行四辺形の底辺を x cm、高さを y cm として、x と y の関係を表したものです。

底辺 x(cm)	1	2	3	4	5	6	…	8	…	10	…	12
高さ y(cm)	12	6	4	3	2.4	2	…	1.5	…	1.2	…	1

① 底辺の長さ x の値と高さ y の値の組を表す点を、右の方眼に表しましょう。

② 点を結んでグラフをかきましょう。

とき方 **①** x の値が 1、y の値が [　　] の点、x の値が 2、y の値が [　　] の点、……と順にとっていきます。　**答え** [右の図に記入]

② **①**でとった点をなめらかな曲線で結びます。　**答え** [右の図に記入]

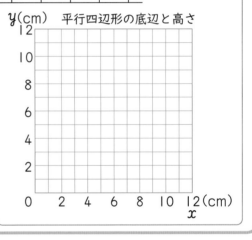

平行四辺形の底辺と高さ

3 下の表は、15 L 入る水そうに毎分 x L の水を入れるとき、いっぱいになるのにかかる時間を y 分として、x と y の関係を表したものです。

教科書 200ページ**1**

毎分入れる水の量 x(L)	1	2	3	…	5	6	…	10	…	15
かかる時間 y(分)	15	7.5	5	…	3	2.5	…	1.5	…	1

① 毎分入れる水の量 x の値とかかる時間 y の値の組を表す点を、右の方眼に表しましょう。

② 点を結んでグラフをかきましょう。

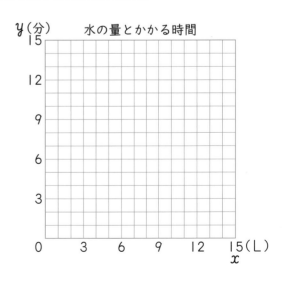

水の量とかかる時間

ポイント 比例では、$y \div x$ が決まった数になりますが、反比例では $x \times y$ が決まった数になります。

12 ともなって変わる2つの量の関係を調べよう ■比例と反比例

練習のワーク①

教科書 181〜202ページ　答え 19ページ

できた数

／9問中

1 比例とグラフ 次の表は、ある液体肥料の体積と重さの関係を表しています。

体積 x(cm³)	1	2	3	4	5	6
重さ　y(g)	3	6	9	12	15	18

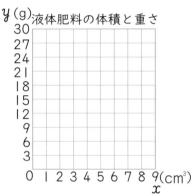

液体肥料の体積と重さ

① y は x に比例していますか。

（　　　　　）

② y を x の式で表しましょう。

（　　　　　）

③ x の値が 12 のときの、y の値を求めましょう。（　　　　　）

④ x と y の関係をグラフに表しましょう。

2 反比例 次の表は、面積が 36cm² の平行四辺形の底辺と高さの関係を表しています。

底辺　x(cm)	1	2	3	4	5	6
高さ　y(cm)	36	18	12	9		

① 表を完成させましょう。

② y は x に反比例していますか。

（　　　　　）

③ x の値が 9 のときの y の値を求めましょう。

（　　　　　）

3 比例・反比例 次の㋐〜㋓の関係について、あとの問題に答えましょう。

㋐ 分速 70m で歩くとき、歩く時間 x 分と進む道のり y m
㋑ 毎年 1 月 1 日の、兄の年れい x さいと弟の年れい y さい
㋒ 1000 円を兄と妹で分けるとき、兄がもらうお金 x 円と妹がもらうお金 y 円
㋓ 500m を進むときの、歩く速さ分速 x m とかかる時間 y 分

① y が x に比例するものを選びましょう。

（　　　　　）

② y が x に反比例するものを選びましょう。

（　　　　　）

てびき

1 比例とグラフ

たいせつ

y が x に比例するとき、x の値が2倍、3倍、4倍、…になると、y の値も2倍、3倍、4倍、…になります。

④ x の値と y の値の組を表す点をとって、直線で結びます。

2 反比例

たいせつ

y が x に反比例するとき、x の値が2倍、3倍、4倍、…になると、y の値は $\frac{1}{2}$ 倍、$\frac{1}{3}$ 倍、$\frac{1}{4}$ 倍、…になります。

x と y の関係を式に表すとどうなるかな？

3 比例・反比例
それぞれ y を x の式で表して考えます。

できるナビ 比例のグラフは 0 の点を通る直線になるよ。

練習のワーク❷

教科書 181〜202ページ　答え 19ページ

1 比例とグラフ　次のグラフは、自動車AとBの進む時間と道のりを表しています。

❶　Aの自動車が2時間で進む道のりは何kmですか。

（　　　　　　　　）

❷　Bの自動車で80km進むには何時間かかりますか。

（　　　　　　　　）

❸　自動車AとBで進むのが速いのはどちらですか。

（　　　　　　　　）

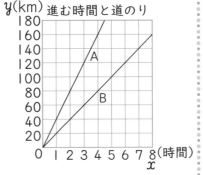

y(km)　進む時間と道のり
180
160
140
120
100
80
60
40
20
0　1 2 3 4 5 6 7 8（時間）
x

A
B

❹　4時間進んだときの、自動車AとBの進む道のりの差は何kmですか。

（　　　　　　　　）

2 反比例　次の表は、100kmの道のりを進むときの、時速とかかる時間の関係を表しています。

時速　　　x(km)	10	20	…	40	50
かかる時間　y(時間)	10	5	…	2.5	2

❶　xとyの積は何を表していますか。

（　　　　　　　　）

❷　yをxの式で表しましょう。

（　　　　　　　　）

❸　xの値が25のときのyの値を求めましょう。

（　　　　　　　　）

3 比例・反比例　次のあ〜えの関係について、あとの問題に答えましょう。

あ　1日のうちの、起きている時間x時間とねている時間y時間

い　面積が40cm²の長方形の、縦の長さ$x$cmと横の長さ$y$cm

う　円の直径$x$cmと円周の長さ$y$cm

え　2Lの水が入っている水そうに水を入れるときの、入れた水の量xLと水そうに入っている水の量yL

❶　yがxに比例するものを選びましょう。

（　　　　　　　　）

❷　yがxに反比例するものを選びましょう。

（　　　　　　　　）

てびき

1 比例とグラフ
❶ 2時間はxの値が2のところになります。
❷ 80kmはyの値が80のところになります。
❸ 同じ時間で進む道のりが長い方が速いといえます。

2 反比例
❷ y＝決まった数÷xで表します。決まった数は、xの値とそれに対応するyの値の積です。
❸ ❷の式のxに25をあてはめます。

3 比例・反比例
y＝決まった数×xであれば比例、y＝決まった数÷xであれば反比例の関係です。

できるナビ　yがxに比例するときは、y＝決まった数×x、反比例するときは、x×y＝決まった数、またはy＝決まった数÷xと表すことができるよ。

まとめのテスト①

1 次の□の中にあてはまる数や記号を書きましょう。　　　　　1つ3〔24点〕

❶ y が x に比例するとき、x の値が2倍、3倍、4倍、…になると、それにともなって y の値も あ 倍、い 倍、う 倍、…になります。また、y え x の値は決まった数になります。

あ(　　　　) い(　　　　) う(　　　　) え(　　　　)

❷ y が x に反比例するとき、x の値が2倍、3倍、4倍、…になると、それにともなって y の値は お 倍、か 倍、き 倍、…になります。また、x く y の値は決まった数になります。

お(　　　　) か(　　　　) き(　　　　) く(　　　　)

2 よく出る 次の表は、ある金属の体積と重さの関係を表しています。　1つ7〔42点〕

体積　x(cm³)	1	1.5	2	2.5	3	3.5	4	4.5	5
重さ　y(g)	8	12	16	20	24	⑦	32	④	40

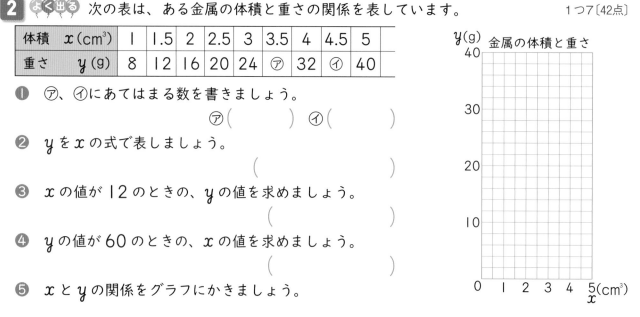

❶ ⑦、④にあてはまる数を書きましょう。

⑦(　　　　) ④(　　　　)

❷ y を x の式で表しましょう。

(　　　　　　　　)

❸ x の値が12のときの、y の値を求めましょう。

(　　　　　　　　)

❹ y の値が60のときの、x の値を求めましょう。

(　　　　　　　　)

❺ x と y の関係をグラフにかきましょう。

3 同じくぎ32本の重さは80gです。このくぎ160本の重さは何gになりますか。　〔10点〕

(　　　　　　　　)

4 次の表は、120L 入る水そうに、水を1分間に xL ずつ入れるときにいっぱいになるまでにかかる時間を y 分として、x と y の関係を表しています。　　1つ8〔24点〕

入れる水　x(L)	1	2	3	4	5	6
かかる時間　y(分)	120	60	40	30	24	20

❶ y を x の式で表しましょう。

(　　　　　　　　)

❷ x の値が15のときの、y の値を求めましょう。

(　　　　　　　　)

❸ y の値が9のときの、x の値を求めましょう。

(　　　　　　　　)

チェック ✔
□比例の関係を理解することができたかな？
□反比例の関係を理解することができたかな？

まとめのテスト❷

得点

/100点

教科書 181〜202ページ　答え 20ページ

1 次のグラフの中で、比例を表すグラフと反比例を表すグラフを選びましょう。　1つ5〔10点〕

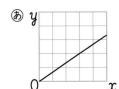　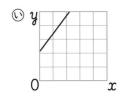　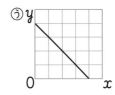　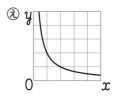

比例のグラフ（　　　　）　反比例のグラフ（　　　　）

2 右の図のように、底面積が 16cm² の円柱があります。この円柱の高さを x cm、体積を y cm³ とします。

1つ10〔30点〕

① y を x の式で表しましょう。

（　　　　　）

② x の値が 7 のときの y の値を求めましょう。

（　　　　　）

③ y の値が 152 のときの x の値を求めましょう。

（　　　　　）

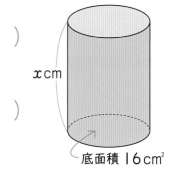

x cm

底面積 16cm²

3 ある針金 12m の重さは 180g です。この針金 450g の長さは何 m になりますか。

〔10点〕

（　　　　　）

4 よく出る 次の表は、体積が 18cm³ の三角柱の、底面積と高さの関係を表しています。

1つ10〔50点〕

底面積　x (cm²)	1	2	3	4	5	6
高さ　y (cm)	18	9	6	㋐	㋑	3

① ㋐、㋑にあてはまる数を書きましょう。

㋐（　　　　　）　㋑（　　　　　）

② y を x の式で表しましょう。

（　　　　　）

③ x の値が 12 のときの y の値を求めましょう。

（　　　　　）

④ y の値が 15 のときの x の値を求めましょう。

（　　　　　）

ふろくの「計算練習ノート」22〜23ページをやろう！

 □ 比例・反比例のグラフを読み取ることができたかな？
□ 比例・反比例の式から、x、y の値を求めることができたかな？

学びのワーク 比例のグラフをかこう

基本 1 比例のグラフをかくプログラムをつくれますか。

☆ プログラミングのソフトウェアを使って、$y = 3 \times x$ のグラフをかくプログラムをつくります。

❶ 次の表を完成させましょう。

x	0	1	2	3	4	5	6
y	0	3					

❷ 右の画面でグラフが通る点をうつのに、次のようなプログラムをつくりました。

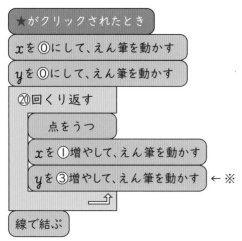

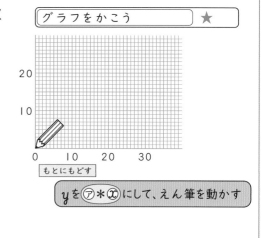

※のブロックを右のようなブロックに変えても、正しく点をうつことができます。㋐にあてはまる数を答えましょう。ただし、㋐＊ⓧ はかけ算を表すブロックとし、「＊」は「×」を表す記号とします。

とき方 ❶ $y = 3 \times x$ の x に、2、3、4、…をあてはめていきます。

❷ $y = 3 \times x$ のグラフでは、比例の関係の決まった数は、3 です。この決まった数は、x が 1 増えたときの y の増えた分になります。

「y を $3 \times x$ にして、えん筆を動かす」と、正しい場所に点をうつことができます。点をとるはばがせまくなると、直線のグラフに近づきます。

答え ❶ 左から順に、□、□、□、□、□　❷ □

ポイント 比例の式やグラフの性質を考えながら、プログラムのつくりかたを理解しましょう。

1 基本**1** の画面で、$y=2×x$ のグラフをかくプログラムをつくります。 📖 教科書 204ページ**1**

① 次の表を完成させましょう。

x	0	1	2	3	4	5	6	
y	0	2						

② グラフが通る点をうつのに、右のようなプログラムをつくりました。 ☐ にあてはまる数を求めましょう。

(   )

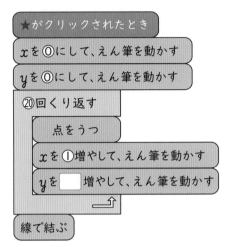

2 基本**1** の画面で、$y=4×x$ のグラフをかくプログラムをつくります。 📖 教科書 204ページ**1**

① 次の表を完成させましょう。

x	0	1	2	3	4	5	6	
y	0	4						

② グラフが通る点をうつのに、右のようなプログラムをつくりました。 ☐ にあてはまる数を求めましょう。

(   )

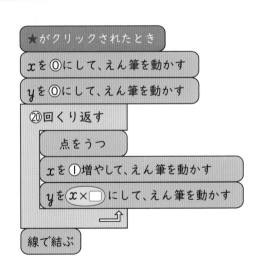

3 基本**1**、**1**、**2** でかいたグラフから、次のことがわかりました。 ☐ にあてはまる式を書きましょう。

📖 教科書 204ページ**1**

$y=2×x$、$y=3×x$、$y=4×x$ のグラフのうち、最も急な坂のようになっているのは、 ❶ のグラフである。また、最もゆるやかになっているのは、 ❷ のグラフである。

❶ (   )　　❷ (   )

🎈ポイント　比例のグラフのかたむきは、$y=$ 決まった数 $×x$ の、決まった数によって変わります。

① **およその面積や体積**

基本のワーク

教科書 207〜209ページ　答え 20ページ

学習の目標・
およその形から、およその面積や体積の求め方をおぼえよう！

基本 1　およその面積が求められますか。

☆ 右の図は、ある公園の中にある池の形を表しています。この池のおよその面積を求めましょう。

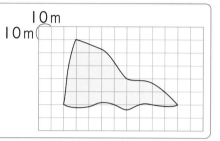

とき方 《1》　方眼の1ますは 10×10＝100（m²）

◰はどれも 100m² の半分とみて、

100m² の方眼■…13個

50m² の方眼◰…25個

100×13＋50×□＝□（m²）

答え 約 □ m²

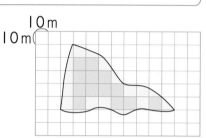

《2》　右の図のように、三角形とみると、

底辺は約 90m、高さは約 50m

90×50÷2＝□（m²）

答え 約 □ m²

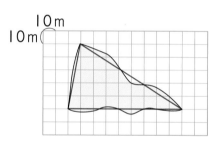

ちゅうい

およその面積なので、解き方によって答えが少しちがうことがあります。

方眼をくふうして数えたり、面積が求められる形で考えたりするんだね。

❶ 右の図は、ある公園の形を表しています。この公園を台形とみて、およその面積を求めましょう。

📖教科書 207ページ1

（　　　　　　　　）

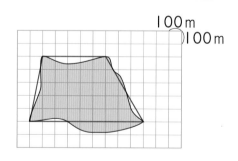

❷ 右のかばんを直方体とみて、およその体積を求めましょう。

📖教科書 209ページ2

（　　　　　　　　）

 およその面積は、方眼の数え方をくふうしたり、三角形や四角形、円などの面積が求められる形とみたりして、求めます。

まとめのテスト

得点

/100点

教科書 207〜209ページ　答え 20ページ

1 よく出る 次の問題に答えましょう。

1つ20〔100点〕

❶ 右の図は、ある公園の形を表しています。この公園を三角形とみて、およその面積を求めましょう。

(　　　　　)

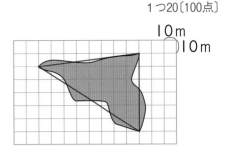

10m
10m

❷ 右の図は、ある町の形を表しています。この町を五角形とみて、およその面積を求めましょう。

(　　　　　)

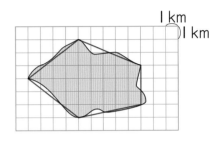

1km
1km

❸ 右の図は、ある土地の形を表しています。この土地を円とみて、およその面積を求めましょう。

(　　　　　)

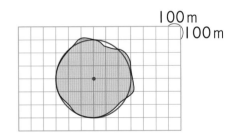

100m
100m

❹ 右の図は、あるプールの形を表しています。このプールを直方体とみて、およその容積を求めましょう。

(　　　　　)

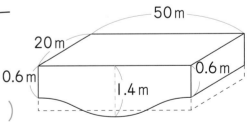

50m
20m
0.6m
0.6m
1.4m

❺ 右のコップを円柱とみて、およその体積を求めましょう。

(　　　　　)

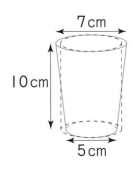

7cm
10cm
5cm

□ およその面積を求めることができたかな？
□ およその体積を求めることができたかな？

95

まとめのテスト❶

時間 20分

得点

/100点

教科書 211〜212ページ 　答え 20ページ

1 □にあてはまる数を書きましょう。 1つ5〔20点〕

① 1000 を 5 個、10 を 2 個、1 を 8 個合わせた数は [　　　　] です。

② 10 を 35 個集めた数は [　　] です。

③ 1 を 6 個、0.01 を 4 個、0.001 を 1 個合わせた数は [　　　] です。

④ 三千八百十万二百六を数字で書くと、[　　　　　] です。

2 5 以上 12 未満の整数を全て書きましょう。 〔15点〕

（　　　　　　　　　　　　）

3 四捨五入して、（　　）の中の位までのがい数にしましょう。 1つ5〔20点〕

① 3180（百）

② 25220（一万）

（　　　　　　）　　　　　　　　　　　　　（　　　　　　）

③ 7289380（十万）

④ 80289071（千万）

（　　　　　　）　　　　　　　　　　　　　（　　　　　　）

4 計算をしましょう。 1つ5〔30点〕

① 32＋59

② 75＋346

③ 401−93

④ 0.5＋1.7

⑤ 2.45−1.82

⑥ 20−11.02

5 よく出る $\frac{1}{10}$ の位で四捨五入すると 10 になる小数のはん囲を、以上、未満を使って表しましょう。 〔15点〕

（　　　　　　　　　　　　）

チェック✔ □整数や小数のしくみはわかったかな？
□整数や小数の計算をすることができたかな？

得点

/100点

教科書 213ページ　答え 21ページ

1 計算をしましょう。　　　　　　　　　　　　　　　　　　　　1つ5〔30点〕

① 18×5

② 24×32

③ 489×74

④ 2.5×9

⑤ 5.4×6.2

⑥ 0.24×0.6

2 商を整数で求めて、わりきれないときは、あまりもだしましょう。　1つ5〔10点〕

① 96÷4

② 752÷19

3 わりきれるまで計算しましょう。　　　　　　　　　　　　　　1つ5〔10点〕

① 0.52÷0.8

② 12÷5

4 商を整数で求めて、あまりもだしましょう。　　　　　　　　　1つ5〔10点〕

① 12.7÷1.5

② 10.2÷0.7

5 計算をしましょう。　　　　　　　　　　　　　　　　　　　　1つ5〔20点〕

① 4×(12−8)

② 15−5×2

③ 4×2+9

④ 2×8+12÷4

6 計算をしましょう。わり算は、わりきれるまで計算しましょう。　1つ5〔20点〕

① 2.365×3.8

② 5.345×0.2

③ 3096÷45

④ 4÷0.16

　□ 整数や小数のかけ算、わり算はできたかな？
□ 計算の順序にしたがって計算できたかな？

まとめのテスト❸

時間 **20**分

得点

/100点

教科書 214ページ 答え 21ページ

1 □にあてはまる数を書きましょう。　　　　　　　　　　　　　1つ5〔20点〕

① $\frac{1}{5}$ の4個分は、□ です。また、$\frac{1}{5}$ の□個分は1です。

② $\frac{5}{2}$ を帯分数で表すと□です。$1\frac{4}{7}$ を仮分数で表すと□です。

2 約分をしましょう。　　　　　　　　　　　　　　　　　　　1つ5〔30点〕

① $\frac{5}{15}$　　　　　② $\frac{16}{64}$　　　　　③ $\frac{35}{49}$

（　　　　）　　　　（　　　　）　　　　（　　　　）

④ $\frac{125}{25}$　　　　⑤ $\frac{51}{135}$　　　　⑥ $\frac{120}{150}$

（　　　　）　　　　（　　　　）　　　　（　　　　）

3 （　　）の中の分数を通分しましょう。　　　　　　　　　　1つ5〔20点〕

① $\left(\frac{1}{2}\quad\frac{1}{3}\right)$　　　　　　　　② $\left(\frac{2}{3}\quad\frac{5}{6}\right)$

　　　　　　（　　　　）　　　　　　　　　　　（　　　　）

③ $\left(\frac{11}{15}\quad\frac{9}{10}\right)$　　　　　　　④ $\left(\frac{5}{8}\quad\frac{1}{6}\right)$

　　　　　　（　　　　）　　　　　　　　　　　（　　　　）

4 計算をしましょう。　　　　　　　　　　　　　　　　　　　1つ5〔30点〕

① $\frac{2}{7}+\frac{3}{7}$　　　　　　　　　② $\frac{3}{5}+\frac{3}{10}$

③ $\frac{3}{8}-\frac{1}{4}$　　　　　　　　　④ $\frac{1}{2}+\frac{1}{3}+\frac{1}{4}$

⑤ $2\frac{1}{12}-1\frac{3}{4}$　　　　　　　⑥ $3\frac{1}{4}+\frac{2}{3}-\frac{7}{8}$

□ 分数のしくみはわかったかな？
□ 分数のたし算、ひき算はできたかな？

● 6年間のまとめ ■分数のかけ算とわり算、計算のきまり

まとめのテスト④

時間 **20**分

得点

/100点

教科書 215ページ　答え 21ページ

1 分数を小数になおしましょう。小数は分数になおし、約分できるときは約分しましょう。

1つ5〔15点〕

① $\dfrac{1}{2}$

② 0.8

③ 0.125

(　　　　)　　　　(　　　　)　　　　(　　　　)

2 次の数の逆数を求めましょう。

1つ5〔15点〕

① $\dfrac{2}{3}$

② 8

③ 2.5

(　　　　)　　　　(　　　　)　　　　(　　　　)

3 積や商が5より大きくなる式を全て選びましょう。

〔20点〕

あ 5×1.2　　い $5 \div 1.3$　　う $5 \times \dfrac{1}{10}$　　え $5 \div \dfrac{1}{3}$

(　　　　　　)

4 計算をしましょう。

1つ5〔50点〕

① $\dfrac{1}{2} \times 5$

② $\dfrac{1}{3} \times \dfrac{1}{4}$

③ $\dfrac{3}{8} \times \dfrac{4}{9}$

④ $\dfrac{3}{8} \div 9$

⑤ $\dfrac{2}{5} \div \dfrac{4}{15}$

⑥ $3 \div \dfrac{5}{7}$

⑦ $\dfrac{125}{49} \times \dfrac{35}{25}$

⑧ $48 \div \dfrac{21}{16}$

⑨ $2\dfrac{6}{7} \div \dfrac{10}{9} \times \dfrac{14}{15}$

⑩ $2.4 \div \dfrac{12}{25} \div 1\dfrac{17}{28}$

チェック ✔ □ 分数を小数に、小数を分数になおすことはできたかな？
　　　　　　□ 分数や小数のかけ算、わり算はできたかな？

まとめのテスト❺

教科書 216〜217ページ 答え 21ページ

時間 **20**分

得点

/100点

1 次の⑤〜⑥の長さや角の大きさを答えましょう。

1つ5〔30点〕

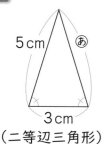

5cm ⑤
3cm
（二等辺三角形）

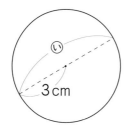

⑥
3cm

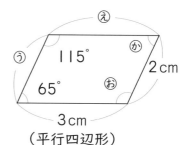

⑤
⑤ 115°
65°
⑤
⑥
2cm
3cm
（平行四辺形）

⑤ (   )　⑥ (   )　⑤ (   )

⑤ (   )　⑥ (   )　⑥ (   )

2 次の⑤〜⑥の角の大きさは何度ですか。

1つ10〔40点〕

❶

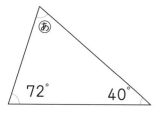

⑤
72° 40°

(   )

❷

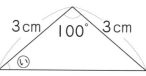

3cm 100° 3cm
⑥

(   )

❸

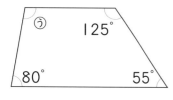

⑤ 125°
80° 55°

(   )

❹

4cm 4cm
⑥
50°
4cm 4cm

(   )

3 次の直線が対角線になる四角形の名前を答えましょう。

1つ5〔10点〕

❶

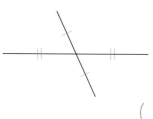

(   )

❷

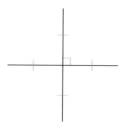

(   )

4 右の直方体の展開図を組み立てます。

1つ10〔20点〕

❶ 面⑤に平行な面はどれでしょう。

(   )

❷ 頂点オと重なる頂点はどれでしょう。

(   )

ア セ
イ ⑤ ス シ サ コ
⑤ ⑤ ⑥ ⑤
ウ エ キ ク ケ
⑥
オ カ

チェック ✔ □三角形や四角形の角の大きさを求めることはできたかな？
□立体の展開図の性質はわかったかな？

● 6年間のまとめ ■合同、対称、拡大図・縮図

まとめのテスト❻

時間 **20**分

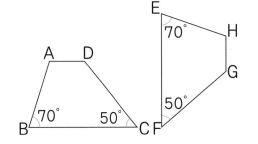

得点

/100点

教科書 218〜219ページ　答え 22ページ

1 右の2つの四角形は合同です。

1つ5〔10点〕

❶ 辺AB に対応する辺を答えましょう。

(　　　　　)

❷ 角D に対応する角を答えましょう。

(　　　　　)

2 次の図形について答えましょう。

1つ10〔30点〕

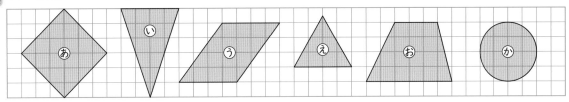

❶ 線対称な図形を全て選びましょう。　　　　(　　　　　)
❷ ❶の中で、対称の軸が一番多いものを選びましょう。(　　　　　)
❸ 点対称な図形を全て選びましょう。　　　　(　　　　　)

3 右のあ〜うの直角三角形で、あの拡大図はどれですか。また、何倍の拡大図ですか。

1つ10〔20点〕

(　　　　)(　　　　)

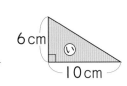 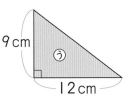

4 $\frac{1}{25000}$ の縮図上で8cm の長さは、実際には何km ですか。

〔10点〕

(　　　　　)

5 次の三角形の中で、わかっている辺の長さや角の大きさを使うと、合同な三角形がかけるものには〇を、かけないものには×をかきましょう。

1つ10〔30点〕

❶ 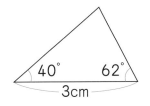　　❷ 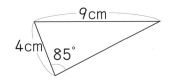　　❸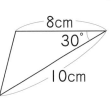

(　　　　)　　　　(　　　　)　　　　(　　　　)

チェック✔
□ 合同な図形や対称な図形の性質はわかったかな？
□ 拡大図や縮図の性質はわかったかな？

● 6年間のまとめ ■量の単位、図形の面積や体積

まとめのテスト❼

時間 20分

得点

/100点

1 次の量は、（　　）の中のどれに一番近いですか。　　　　　　1つ6〔24点〕

① ノート1冊の重さ　　　（ 13g　　130g　　1.3kg ）

（　　　　）

② 5階建てのビルの高さ　　（ 1.5m　　15m　　150m ）

（　　　　）

③ 25mプールの面積　　（ 5㎡　　50㎡　　500㎡ ）

（　　　　）

④ 歯みがき用コップの容積　（ 15mL　　150mL　　15L ）

（　　　　）

2 □にあてはまる数を書きましょう。　　　　　　　　　　1つ7〔28点〕

① 230mm=□m

② 7000㎡=□a=□ha

③ 3.4kg=□g

④ 2.4L=□cm³

3 よく出る 次の図形の色のついた部分の面積を求めましょう。　　1つ8〔32点〕

①
4.5cm

3cm

（平行四辺形）

（　　　　）

②
11cm

16cm

（台形）

7cm

（　　　　）

③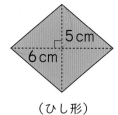
5cm

6cm

（ひし形）

（　　　　）

④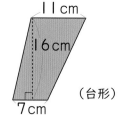
4cm

2cm

（　　　　）

4 次の立体の体積を求めましょう。　　　　　　　　　　　　1つ8〔16点〕

①
16cm

5cm

（　　　　）

②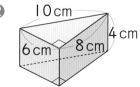
10cm

4cm

6cm　8cm

（　　　　）

チェック✓ □長さや面積、体積の正しい単位を選ぶことはできたかな？
□図形の面積や体積を求めることはできたかな？

● 6年間のまとめ　■単位量あたりの大きさ、割合

まとめのテスト❽

教科書 222〜223ページ　答え 22ページ

時間 20分

得点 /100点

1 4人が食べたおすしの数は、それぞれ16個、8個、11個、7個でした。1人平均何個食べましたか。 〔10点〕

（　　　　　　）

2 ある学校の校庭の面積は3600m²で、体育館の面積は800m²です。今、校庭で140人、体育館で50人の人が遊んでいます。どちらのほうが混んでいるといえますか。 〔10点〕

（　　　　　　）

3 時速900kmで飛んでいる飛行機があります。2時間飛ぶと何km進みますか。 〔10点〕

（　　　　　　）

4 時速60kmで走っている自動車があります。 1つ10〔20点〕

❶ この自動車が300km走るには、何時間かかりますか。

（　　　　　　）

❷ この自動車の速さを分速になおすと、分速何kmですか。

（　　　　　　）

5 次の小数で表された割合を百分率で、百分率で表された割合を小数で表しましょう。 1つ10〔30点〕

❶ 0.4　　　　　❷ 45%　　　　　❸ 120%

（　　　　　）　　　（　　　　　）　　　（　　　　　）

6 次の問題に答えましょう。 1つ10〔20点〕

❶ えりさんのクラスの人数は40人で、そのうち15%の人が家で犬を飼っています。犬を飼っている人は何人ですか。

（　　　　　　）

❷ かずやさんの学校では、168人が家で動物を飼っています。これは、学校全体の児童数の30%にあたります。学校の児童数は何人ですか。

（　　　　　　）

チェック✔　□単位量あたりの大きさを使って数量を比べることができたかな？
□割合を使った計算ができたかな？

まとめのテスト❾

時間 **20**分

得点 /100点

教科書 224〜225ページ　答え 22ページ

---

1 よく出る □にあてはまる数を書きましょう。　　　　　1つ5〔10点〕

① 4：10＝2：□

② 3：□＝15：40

---

2 マヨネーズを260g作ります。卵の黄身とサラダ油の量の比を6：7で混ぜるとき、サラダ油は何g必要ですか。　　　　　〔6点〕

（　　　　　　　）

---

3 次の x と y の関係を式に表しましょう。また、y が x に比例しているものには〇、反比例しているものには△をかきましょう。　　　　　1つ6〔48点〕

① 1mの重さが4.3kgの鉄の棒の、長さ x m と重さ y kg

（　　　　　　　）（　　　　）

② 面積が50cm² の長方形の、縦の長さ x cm と横の長さ y cm

（　　　　　　　）（　　　　）

③ 1L180円のジュースを買うときの、ジュースの量 x L と代金 y 円

（　　　　　　　）（　　　　）

④ 300kmの道のりを自動車で走るときの、自動車の時速 x km と時間 y 時間

（　　　　　　　）（　　　　）

---

4 トランプのハート、ダイヤ、スペード、クラブのエースが1枚ずつあります。この4枚の中から2枚を選びます。何通りの組み合わせがありますか。　　　　　〔6点〕

（　　　　　　　）

---

5 次の①〜③は、あ棒グラフ、い折れ線グラフ、う帯グラフ・円グラフ、えドットプロット・柱状グラフのうち、どれに表すのがよいでしょうか。　　　　　1つ6〔18点〕

① ある都市の人口の移り変わり　　　　　（　　　　　　　）

② 国ごとの米の生産高　　　　　（　　　　　　　）

③ ある家の支出のうちわけ　　　　　（　　　　　　　）

---

6 次のデータは、10人の子どもが受けた、算数の小テストの結果を表したものです。　　　　　1つ6〔12点〕

| 10 | 9 | 7 | 7 | 5 | 6 | 4 | 6 | 10 | 6 |（点）

① 平均値を求めましょう。

（　　　　　　　）

② 中央値を求めましょう。

（　　　　　　　）

チェック✓

□ 比や比例、反比例の問題を解くことができたかな？
□ 並べ方や組み合わせ方、データの活用について理解できたかな？

答えとてびき

「答えとてびき」は、とりはずすことができます。

使い方

まちがえた問題は、もういちどよく読んで、なぜまちがえたのかを考えましょう。正しい答えを知るだけでなく、なぜそうなるかを考えることが大切です。

---

1 対称な図形

2・3ページ 基本のワーク

基本① 線対称、あ、点対称、い

答え あ、い

❶ 線対称な図形

基本② ❷ ED　　❸ B

答え❶ G　　❷ ED　　❸ B

❷ ❶ 頂点F　❷ 6cm　❸ 34°

基本③ ❶ 垂直　❷ E　　答え❶ 垂直　❷ 4

❸
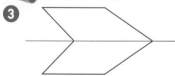

基本④
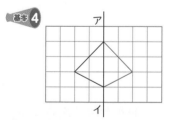

❹
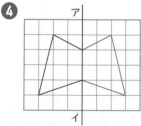

4・5ページ 基本のワーク

基本① ❶ D　　❷ FA　　❸ C

答え❶ D　　❷ FA　　❸ C

❶ ❶ 頂点E　❷ 3cm　❸ 150°

基本② ❶ E、C、O　　❷ D

答え❶ O　　❷ 3

❷ ❶ 右の図の点O
　❷ 右の図

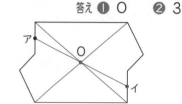

基本③ ❶
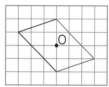
❷

❸ ❶
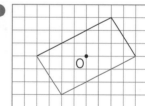
❷

❸
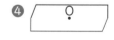
❹

てびき

❶ ❶ 対称の中心Oのまわりに180°回したとき、重なり合う頂点を見つけます。
❷ 辺BCと対応する辺は、辺EFです。
❸ 角Dと対応する角は、角Aです。
❷ ❶ 対応する点を結ぶ直線が交わる点が、対称の中心Oです。
❷ 点アと対称の中心Oを結ぶ直線と図形の交わった点が、点イとなります。

基1 ❶❶ ⑦○　④○　⑦○
　　　　⑨2　⑦2　⑦4
　　❷ ⊕○　⑦○　⑦○
　　　　　　　　答え❶ エ　❷ ア、イ、ウ、エ

❶ 左から、×、○、×

基2 ❶❶ ⑦○　④○　⑦○　⑨○
　　　　⑦5　⑦6　⊕8　⑦10
　　❷ ⑦×　⑦○　⑦○　⑦○
　　　　　　　　答え❶ ア、イ　❷ ウ、エ、オ

❷ ウ

> **てびき** ❷ 円は、中心を通るどんな直線を折り目として折っても、折り目の両側がぴったり重なります。つまり直径はすべて対称の軸となるので、対称の軸は無数にあります。また円は、中心のまわりに180°回すともとの円に重なるので、円の中心は対称の中心となります。

❶❶ エ、オ　❷ ア、ウ、エ
❷❶ 右の図
　❷ 頂点I
　❸ 8cm
　❹ 110°

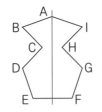

❸❶ 右の図
　❷ 頂点G
　❸ 辺AB

❹

> **てびき** ❶❶ 対称の軸は次のようになります。
>
> ❷ 対称の中心は次のようになります。
>

❶❶ ア、イ、エ　❷ ウ、オ
❷❶ 角Aと角D、角Bと角C　❷ 垂直
　❸ 4本
❸❶ 頂点G　❷ 点O
❹
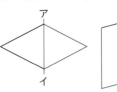

> **てびき** ❶ 対称の軸、対称の中心は次のようになります。
>
>
> ❷❸ 正多角形の対称の軸の数は、頂点の数と同じです。

> **たしかめよう！**
> ❹ 点対称な図形では、対応する点を結ぶ直線は対称の中心Oを通り、対称の中心Oから対応する点までの長さは等しくなっています。

1 ❶ ア、ウ　❷ イ、エ
2 ❶ 頂点G　❷ 6cm　❸ 40°
3

4 ❶ エ　❷ イ、エ

> **てびき** **1** 対称の軸、対称の中心は次のようになります。
>
>

11 ページ　学びのワーク

基本1

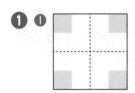

❶ ❶

2 分数と整数のかけ算・わり算

12・13 ページ　基本のワーク

基本1 4、8、$\frac{8}{9}$ 　　　　　　　　　　　答え $\frac{8}{9}$

❶ ❶ $\frac{3}{5}$ 　❷ $\frac{6}{7}$ 　❸ $\frac{10}{11}$ 　❹ $\frac{12}{13}$

基本2 ❶ $\frac{4}{3}\left(1\frac{1}{3}\right)$ 　❷ 14

答え ❶ $\frac{4}{3}\left(1\frac{1}{3}\right)$ 　❷ 14

❷ ❶ $\frac{1}{2}$ 　❷ $\frac{10}{3}\left(3\frac{1}{3}\right)$ 　❸ $\frac{5}{3}\left(1\frac{2}{3}\right)$ 　❹ $\frac{8}{3}\left(2\frac{2}{3}\right)$

　❺ 15 　❻ 15 　❼ 21 　❽ 18

基本3 《1》 8、8、8、$\frac{3}{32}$ 　《2》 4、32、$\frac{3}{32}$

答え $\frac{3}{32}$

❸ ❶ $\frac{10}{21}$ 　❷ $\frac{8}{63}$ 　❸ $\frac{9}{14}$ 　❹ $\frac{18}{55}$

　❺ $\frac{5}{16}$ 　❻ $\frac{4}{27}$ 　❼ $\frac{3}{20}$ 　❽ $\frac{3}{16}$

基本4 ❶ $\frac{3}{8}$ 　❷ $\frac{5}{7}$ 　　　　答え ❶ $\frac{3}{8}$ 　❷ $\frac{5}{7}$

❹ ❶ $\frac{1}{10}$ 　❷ $\frac{3}{4}$ 　❸ $\frac{1}{2}$ 　❹ $\frac{2}{9}$

　❺ $\frac{3}{10}$ 　❻ $\frac{1}{9}$ 　❼ $\frac{5}{18}$ 　❽ $\frac{8}{21}$

てびき

❶ ❷ $\frac{3}{7}\times2=\frac{3\times2}{7}=\frac{6}{7}$

❷ ❷ $\frac{5}{9}\times6=\frac{5\times\overset{2}{6}}{\underset{3}{9}}=\frac{10}{3}$

❹ $\frac{4}{15}\times10=\frac{4\times\overset{2}{10}}{\underset{3}{15}}=\frac{8}{3}$

---

❼ $2\frac{1}{3}\times9=\frac{7}{3}\times9=\frac{7\times\overset{3}{9}}{\underset{1}{3}}=21$

❸ ❶ $\frac{10}{3}\div7=\frac{10}{3\times7}=\frac{10}{21}$

❷ $\frac{8}{7}\div9=\frac{8}{7\times9}=\frac{8}{63}$

❹ ❶ $\frac{4}{5}\div8=\frac{\overset{1}{4}}{5\times\underset{2}{8}}=\frac{1}{10}$

❺ $\frac{9}{5}\div6=\frac{\overset{3}{9}}{5\times\underset{2}{6}}=\frac{3}{10}$

❼ $2\frac{2}{9}\div8=\frac{20}{9}\div8=\frac{\overset{5}{20}}{9\times\underset{2}{8}}=\frac{5}{18}$

14 ページ　練習のワーク

❶ ❶ $\frac{5}{8}$ 　❷ $\frac{6}{7}$ 　❸ $\frac{16}{3}\left(5\frac{1}{3}\right)$ 　❹ 12

　❺ $\frac{20}{3}\left(6\frac{2}{3}\right)$ 　❻ $\frac{30}{7}\left(4\frac{2}{7}\right)$ 　❼ $\frac{38}{3}\left(12\frac{2}{3}\right)$

　❽ 16

❷ ❶ $\frac{1}{12}$ 　❷ $\frac{3}{20}$ 　❸ $\frac{3}{26}$

　❹ $\frac{3}{20}$ 　❺ $\frac{2}{11}$ 　❻ $\frac{19}{40}$

　❼ $\frac{3}{35}$ 　❽ $\frac{1}{2}$

❸ ❶ $\frac{81}{4}$ m²$\left(20\frac{1}{4}$ m²$\right)$ 　❷ $\frac{2}{13}$ m² 　❸ $\frac{13}{18}$ L

てびき

❷ ❻ $\frac{19}{8}\div5=\frac{19}{8\times5}=\frac{19}{40}$

❸ ❶ $\frac{27}{8}\times6=\frac{27\times\overset{3}{6}}{\underset{4}{8}}=\frac{81}{4}$（m²）

❸ $\frac{26}{9}\div4=\frac{\overset{13}{26}}{9\times\underset{2}{4}}=\frac{13}{18}$（L）

15 ページ　まとめのテスト

1 ❶ $\frac{21}{10}\left(2\frac{1}{10}\right)$ 　❷ $\frac{8}{45}$

2 ❶ $\frac{45}{4}\left(11\frac{1}{4}\right)$ 　❷ $\frac{35}{4}\left(8\frac{3}{4}\right)$ 　❸ 1

　❹ $\frac{19}{2}\left(9\frac{1}{2}\right)$ 　❺ $\frac{62}{7}\left(8\frac{6}{7}\right)$ 　❻ $\frac{11}{90}$

　❼ $\frac{2}{9}$ 　❽ $\frac{4}{25}$ 　❾ $\frac{4}{7}$ 　❿ $\frac{7}{17}$

3 $\frac{51}{2}$ cm²$\left(25\frac{1}{2}$ cm²$\right)$

4 $\frac{2}{9}$ L

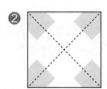

5 ① $\dfrac{4}{3}$ L $\left(1\dfrac{1}{3}$ L$\right)$ ② $\dfrac{28}{3}$ L $\left(9\dfrac{1}{3}$ L$\right)$

6 $\dfrac{1}{7}$

てびき **1** ① 分母はそのままで、分子に7をかけます。
② 分母に3をかけます。

3 $\dfrac{17}{4} \times 6 = \dfrac{17 \times \overset{3}{6}}{\underset{2}{4}} = \dfrac{51}{2}$(cm²)

4 $\dfrac{20}{9} \div 10 = \dfrac{\overset{2}{20}}{9 \times \underset{1}{10}} = \dfrac{2}{9}$(L)

6 □×4＝$\dfrac{16}{7}$なので、□＝$\dfrac{16}{7} \div 4 = \dfrac{\overset{4}{16}}{7 \times \underset{1}{4}} = \dfrac{4}{7}$

$\dfrac{4}{7} \div 4 = \dfrac{\overset{1}{4}}{7 \times \underset{1}{4}} = \dfrac{1}{7}$

☝️たしかめよう!
$\dfrac{\triangle}{\bigcirc} \times \square = \dfrac{\triangle \times \square}{\bigcirc}$ $\dfrac{\triangle}{\bigcirc} \div \square = \dfrac{\triangle}{\bigcirc \times \square}$

③ 円の面積

16・17ページ 基本のワーク

基1 ① $\boxed{1}$ 2、4 $\boxed{2}$ 4、3.1   答え 3.1
❶ 約 308.88 cm²
基2 半径、半径、半径   答え 半径
❷ 706.5 cm²
基3 10、10、21.5、43   答え 43
❸ 式 5×5×3.14－10×10÷2＝28.5
     答え 28.5 cm²

てびき **❶** 底辺が 2.6 cm、高さが 9.9 cm の二等辺三角形が 24 個分あると考えます。
2.6×9.9÷2×24＝308.88(cm²)
❷ 15×15×3.14＝706.5(cm²)

18ページ 練習のワーク

❶ ① 直径 ② 円周率 ③ 半径
❷ ① 式 7×7×3.14＝153.86
     答え 153.86 cm²
② 式 18÷2＝9
     9×9×3.14＝254.34
     答え 254.34 cm²
❸ ① 式 3×3×3.14÷2＝14.13
     答え 14.13 cm²

---

② 式 5×5×3.14÷4＝19.625
     答え 19.625 cm²
❹ ① 141.3 cm² ② 7.74 cm²

てびき **❷** ② 半径は、18÷2＝9(cm)だから、
9×9×3.14＝254.34(cm²)
❹ ① 9×9×3.14－6×6×3.14
＝254.34－113.04
＝141.3(cm²)
② 6×6－3×3×3.14÷2×2
＝36－28.26＝7.74(cm²)

19ページ まとめのテスト

❶ ① 円周 ② 半径 ③ 円周 ④ 円周率
❷ ① 式 10×10×3.14＝314   答え 314 m²
② 式 6÷2＝3
     3×3×3.14＝28.26   答え 28.26 cm²
❸ ① 10.26 cm² ② 12.56 cm² ③ 32 cm²
④ 25.12 cm²
❹ 64 cm²

てびき **❸** ① 6×6×3.14÷4－6×6÷2
＝28.26－18＝10.26(cm²)
② 右の図のように半円を移すと、半径3cmの半円から半径1cmの半円をひいた形になります。
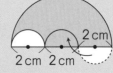
2 cm / 2 cm 2 cm
3×3×3.14÷2－1×1×3.14÷2
＝14.13－1.57＝12.56(cm²)
③ 右の図のように、半円を2つに分けて移すと、縦4cm、横8cmの長方形になります。
8 cm / 8 cm
4×8＝32(cm²)
④ 半径4cmの円から、半径2cmの円を2つひきます。
4×4×3.14－2×2×3.14×2
＝50.24－25.12
＝25.12(cm²)
❹ 半径×半径×3.14＝200.96 となるので、
半径×半径＝200.96÷3.14＝64(cm²)

④ 文字を使った式

20・21ページ 基本のワーク

基1 8、8   答え 8
❶ ① 10×x＝70 ② 7

❸ ❶のxに7をあてはめると、

10×7=70 となり、正しい。

基2 4、4、270　　　　　　　　　答え 270

❷ ❶ $x+70=150$　❷ 80円

基3 ❶ 4　　　　　　　　　　　　　答え 4

❷ 4、4　　　　　　　　　　　答え 4

❸ 4、2.3、4、$\frac{9}{10}$　　　　　答え 2.3、$\frac{9}{10}$

❸ ❶ $8×x$　❷ 24cm²、20cm²

❹ ❶ 24−x

❷ 11時間、$9\frac{1}{2}$時間$\left(\frac{19}{2}$時間$\right)$、12.6時間

てびき **❶** ❶ 平行四辺形の面積は、底辺×

高さで求めます。

❷ 10×x=70 より、x=70÷10=7

❷ ノート1冊の値段＋えん筆1本の値段

＝代金 となります。

❸ ❶ 平行四辺形の面積は、底辺×高さだから、

8×x

❷ x=3のとき、8×3=24（cm²）

x=2.5のとき、8×2.5=20（cm²）

❹ ❶ 1日は24時間だから、24−x

❷ x=13のとき、24−13=11（時間）

x=14$\frac{1}{2}$のとき、24−14$\frac{1}{2}$=9$\frac{1}{2}$（時間）

x=11.4のとき、24−11.4=12.6（時間）

22・23ページ 基本のワーク

基1 ❶ 4、8、12、16　　答え 4、8、12、16

❷　　　　　　　　　　　　　答え x、y

❸ 9、36　　　　　　　　　　答え 36

❹ 48、12　　　　　　　　　　答え 12

❶ ❶ $x×3=y$　❷ 18　❸ 18

基2 ×、÷、＋、−　　　　　　　答え ⑤

❷ ⑤

❸ （例）x円のえん筆を10本買うと、代金はy円です。

❹ ❶ ⑧　❷ ⑤　❸ ⑤

てびき **❶** ❶ 1辺の長さ×3＝まわりの長さ

だから、$x×3=y$

❷ x=6のとき、y=6×3=18

❸ y=54のとき、$x×3$=54、

x=54÷3=18

❷ ⑧ $x+5=y$　　⑤ $x×5=y$

⑤ $x÷5=y$　　⑥ $x−5=y$

❹ ❶ 縦3cm、横6cmの長方形と、縦3cm、

横$x$cmの長方形の面積の和を表しています。

❷ 図形を移動して、縦3cm、横（6＋x）cm

の長方形の面積を表しています。

---

❸ 1辺6cmの正方形から、縦3cm、横

（6−x）cmの長方形をひいた部分の面積を表

しています。

24ページ 練習のワーク❶

❶ ❶ $x×4=500$　❷ 125

❷ ❶ 3.5−x ❷ 2.3m ❸ $\frac{11}{4}$m$\left(2\frac{3}{4}$m、2.75m$\right)$

❸ ❶ $x×5=y$　❷ 25　❸ 14

❹ ❶ $70×x=y$　❷ 630　❸ 12

てびき **❶** ❶ 1個の値段×4=500 だから、

$x×4=500$

❷ x=500÷4=125

❷ ❶ 残りの長さは、3.5−切った長さ だから、

3.5−x（m）

❷ x=1.2のとき、3.5−1.2=2.3（m）

❸ x=$\frac{3}{4}$のとき、3.5−$\frac{3}{4}$=$\frac{11}{4}$（m）

❸ ❶ 1辺の長さ×5＝まわりの長さ だから、

$x×5=y$

❷ x=5のとき、y=5×5=25

❸ y=70のとき、$x×5$=70、

x=70÷5=14

❹ ❶ 70×チョコレートの個数＝代金 だから、

$70×x=y$

❷ x=9のとき、y=70×9=630

❸ y=840のとき、70×x=840、

x=840÷70=12

25ページ 練習のワーク❷

❶ ❶ $x×5=1700$　❷ 340

❷ ❶ $x×9$　❷ 56.7cm²　❸ 19cm

❸ ❶ $2000−x×5=y$　❷ $x×4=y$

❸ $x÷6=y$

❹ ❶ $x×14=y$　❷ 175　❸ 16.5

てびき **❶** ❷ 1700÷5=340

❷ ❷ 6.3×9=56.7（cm²）

❸ 171÷9=19（cm）

❹ ❷ 12.5×14=175

❸ 231÷14=16.5

26ページ まとめのテスト

1 ❶ $5×x÷2=5$　❷ 2

2 ❶ $63+x=148$　❷ 85人

3 ❶ $x×6=y$　❷ 42　❸ 17

4 ❶ $60×x+120=y$　❷ 600

5 あ

てびき

2 ① おとなの人数 ＋ 子どもの人数

が全体の人数になるから、63＋x＝148

② x＝148－63＝85

3 ① 1辺の長さ ×6＝ まわりの長さ になるから、

x×6＝y

② x＝7 のとき、y＝7×6＝42

③ y＝102 のとき、x×6＝102

x＝102÷6＝17

4 ① 卵の重さとかごの重さの和が全体の重さだ

から、60×x＋120＝y

② x＝8 のとき、y＝60×8＋120＝600

5 ① x－100＝y　③ 100＋x＝y

② x×2＋y×2＝100

---

27 ページ 学びのワーク

基本1 《1》15、64 《2》8、8、64　　答え 64

1 ① 100枚　② 225枚　③ 20番目

てびき

① 順番の数と、色板の枚数の関係を

考えます。

順番 （番目）	1	2	3	4
色板の数(枚)	1	4	9	16

表から、順番の数を2回かけた数が色板の

数になっていることがわかります。

① 10×10＝100(枚)

② 15×15＝225(枚)

③ □×□＝400 になるときの□は、20 です。

---

5 データの活用

28・29 ページ 基本のワーク

基本1 10、4.1　　答え 4.1

1 7点

基本2

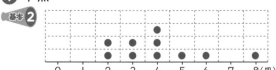

2

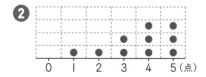

基本3 3、3　　答え 3

3 7時間

基本4 2、2、3、2.5　　答え 2、2.5

---

4 1.5 点

てびき

① (8＋4＋7＋5＋9＋10＋6＋7)

÷8＝56÷8＝7(点)

④ データは 10 個あり、小さい順に並べると、

0 0 0 1 1 2 2 3 4 4

5番目と6番目の値の平均が中央値となるの

で、(1＋2)÷2＝1.5(点)

30・31 ページ 基本のワーク

基本1

通学時間

時間（分）	人数（人）
0 以上～5 未満	2
5 ～10	4
10 ～15	7
15 ～20	4
20 ～25	2
25 ～30	1
合計	20

1 2組

基本2

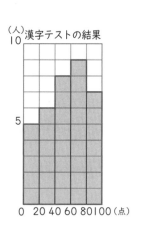

(人) 漢字テストの結果

2

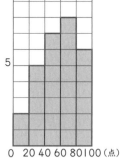

(人) 算数テストの結果

基本3 7.8、8.0、8.0、8.2、はやと　　答え はやと

3 しゅんさん

基本4 柱状グラフ　　　　答え え

4 ① ①　② え

てびき

❶ 1組は、(4+4+8)÷30=
0.533…
2組は、(5+2+9)÷28=0.571…
よって、2組のほうが割合が多くなります。
❹ ① 変化の様子を表したいので、折れ線グラフがよいです。
② ちらばりの様子を表したいので、柱状グラフがよいです。

32ページ 練習のワーク❶

❶ ① 5.8点　② 8点
③ 6点

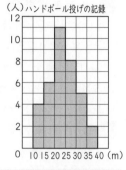
(人)ハンドボール投げの記録

❷ ① 15m以上20m未満
② 20m以上25m未満
③ 25m以上30m未満
④ 7人
⑤ 右の図

❸ ① あ　② え

てびき

❶ ① データの値の合計は87点だから、平均値は、87÷15=5.8(点)です。
③ データを小さい順に並べると、
2 2 3 4 5 5 5 6
7 7 8 8 8 8 9
8番目の値が中央値になるから、6点です。

❷ ② 「○以上」は○をふくみ、「△未満」は△をふくみません。
③ 35m以上40m未満が2人、30m以上35m未満が5人より、30m以上は2+5=7(人)です。25m以上30m未満は8人いるので、記録がよいほうから9番目の人は、25m以上30m未満に入ります。
④ 5+2=7(人)

33ページ 練習のワーク❷

❶ ① 6.5点　② 8点　③ 7.5点
❷ 1995年…45さい以上50さい未満の区間
2020年…70さい以上75さい未満の区間

てびき

❶ ① (2×1+4×1+5×2+6×1
+7×1+8×5+9×1)÷12=6.5(点)
③ 12人いるので、小さい順に並べたときの、6番目と7番目の値の平均が中央値となります。(7+8)÷2=7.5(点)
❷ それぞれの長方形の横の長さから、人口を読みとります。1995年は、男女ともに45さい以上50さい未満の区間の人口が一番多く、

2020年は、男女合わせると70さい以上75さい未満の区間の人口が一番多いです。

34ページ まとめのテスト❶

1 ① Aグループ　② Bグループ
2 ① ア 6　イ 2
② 10分以上15分未満
③ 15分以上20分未満
④ 4人
⑤ 右の図

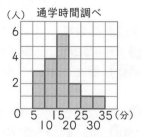
(人)通学時間調べ

3 う

てびき

1 ① Aグループの記録の値の合計は132秒なので、平均値は、132÷15=8.8(秒)
Bグループの記録の値の合計は90.6秒なので、平均値は、90.6÷10=9.06(秒)
② Aグループは15人なので、記録の値を小さい順に並べたときの8番目の値である8.6秒が中央値となります。Bグループは10人なので、5番目の8.2秒と6番目の8.5秒の平均である(8.2+8.5)÷2=8.35(秒)が中央値となります。

35ページ まとめのテスト❷

1 ① Aチーム　② Bチーム
2 ① 33人　② 60点以上80点未満
③ 20点以上40点未満
④ 6人　⑤ 11人　⑥ 6年生

てびき

1 ① Aチームの本数の合計は68本なので、平均値は、68÷10=6.8(本)
Bチームの本数の合計は81本なので、平均値は、81÷12=6.75(本)
② Aチームは10人なので、記録の値を小さい順に並べたときの5番目の値である7本と、6番目の値である8本の平均である(7+8)÷2=7.5(本)が中央値となります。Bチームは12人で、6番目も7番目も8本なので、中央値は8本となります。
2 ① 16+17=33(人)
④ 60点未満なのは、0点以上20点未満、20点以上40点未満、40点以上60点未満の階級の人数の和です。1+2+3=6(人)
⑤ 60点以上なのは、60点以上80点未満、80点以上100点未満の階級の人数の和です。8+3=11(人)

⑤ 一番点数の高いのは80点以上100点未満の階級です。

⑥ 角柱と円柱の体積

36・37ページ **基本のワーク**

基本❶ 底面積、18、36　　　　　　答え 36

❶ ❶ 45cm³　❷ 432cm³　❸ 64cm³

基本❷ ❶ 6、90　❷ 4、42

　　　　　　　　　答え ❶ 90　❷ 42

❷ ❶ 288cm³　❷ 48cm³　❸ 100cm³

基本❸ 4、4、150.72　　　　　答え 150.72

❸ ❶ 169.56cm³　❷ 753.6cm³

基本❹ 5、30、30、150　　　　　答え 150

❹ ❶ 132cm³　❷ 84.78cm³

てびき

❶ ❶ $3\times5\times3=45$(cm³)
❸ $4\times4\times4=64$(cm³)

❷ ❶ $12\times4\times6=288$(cm³)
❷ $8\times3\div2\times4=48$(cm³)
❸ $4\times10\div2\times5=100$(cm³)

❸ ❶ $3\times3\times3.14\times6=169.56$(cm³)
❷ 底面の半径は $8\div2=4$(cm)だから、
$4\times4\times3.14\times15=753.6$(cm³)

❹ ❶ 底面積は $3\times4\div2+4\times4=22$(cm²)
なので、求める体積は、$22\times6=132$(cm³)
❷ 底面積は $3\times3\times3.14\div2=14.13$(cm²)
なので、求める体積は、$14.13\times6=84.78$
(cm³)

38ページ **練習のワーク**

❶ ❶ 90cm³　❷ 343cm³

❷ ❶ 84cm³　❷ 144cm³

❸ ❶ 197.82cm³　❷ 602.88cm³

❹ ❶ 90cm³　❷ 552cm³

てびき

❶ ❶ $3\times6\times5=90$(cm³)
❷ $7\times7\times7=343$(cm³)

❷ ❶ $7\times3\times4=84$(cm³)
❷ $9\times4\div2\times8=144$(cm³)

❸ ❶ $3\times3\times3.14\times7=197.82$(cm³)
❷ 底面の半径は $8\div2=4$(cm)だから、
$4\times4\times3.14\times12=602.88$(cm³)

❹ ❶ 底面積は、$(4+2)\times6-2\times3=30$(cm²)
なので、求める体積は、$30\times3=90$(cm³)
❷ 底面積は $12\times9-4\times4=92$(cm²)
なので、求める体積は、$92\times6=552$(cm³)

39ページ **まとめのテスト**

❶ ❶ 168cm³　❷ 240cm³　❸ 310.86cm³

❷ ❶ 125cm³　❷ 189cm³

❸ ❶ 22cm²　❷ 13cm

❹ ❶ 20.64cm³　❷ 162cm³

てびき

❶ ❶ $8\times3\div2\times14=168$(cm³)
❷ $4\times15\div2\times8=240$(cm³)
❸ 底面の半径は $6\div2=3$(cm)だから、
$3\times3\times3.14\times11=310.86$(cm³)

❷ ❶ 底面積を2つの三角形に分けて求めると、
$10\times3\div2+10\times2\div2=25$(cm²)だから、
$25\times5=125$(cm³)
❷ 底面積を3つの三角形に分けて求めると、
$3\times4\div2+5\times5\div2+5\times1\div2=21$(cm²)
だから、$21\times9=189$(cm³)

❸ ❶ 底面積×高さ＝体積だから、底面積を
$x$cm²とすると、
$x\times8=176$　　$x=176\div8=22$
❷ 高さを$x$cmとすると、$18\times x=234$
$x=234\div18=13$

❹ ❶ 底面積は、1辺が4cmの正方形から、半径2cmの円をひいたもので、$4\times4-2\times2\times3.14=3.44$(cm²)
求める体積は、$3.44\times6=20.64$(cm³)
❷ 底面積は、$9\times9-(9-3)\times3-3\times3=54$(cm²)
求める体積は、$54\times3=162$(cm³)

⑦ 分数のかけ算

40・41ページ **基本のワーク**

基本❶ 3、3、3、$\frac{15}{28}$　　　　　答え $\frac{15}{28}$

❶ ❶ $\frac{1}{6}$　❷ $\frac{20}{63}$　❸ $\frac{8}{9}$
❹ $\frac{27}{16}\left(1\frac{11}{16}\right)$　❺ $\frac{48}{35}\left(1\frac{13}{35}\right)$
❻ $\frac{45}{16}\left(2\frac{13}{16}\right)$

基本❷ 2、2、$\frac{1}{4}$　　　　　答え $\frac{1}{4}$

❷ ❶ $\frac{4}{21}$　❷ $\frac{5}{14}$　❸ $\frac{9}{25}$　❹ $\frac{1}{9}$
❺ $\frac{8}{5}\left(1\frac{3}{5}\right)$　❻ 4

基本3 《1》9、2、$\frac{1}{18}$　《2》1、2、$\frac{1}{18}$

答え $\frac{1}{18}$

3 ① $\frac{3}{20}$　② $\frac{1}{3}$　③ 1

基本4 1、1、1、$\frac{6}{7}$　　答え $\frac{6}{7}$

4 ① $\frac{3}{4}$　② $\frac{9}{2}\left(4\frac{1}{2}\right)$　③ 8

てびき

① ④ $\frac{9}{4}\times\frac{3}{4}=\frac{9\times3}{4\times4}=\frac{27}{16}$

② ① $\frac{6}{7}\times\frac{2}{9}=\frac{6\times2}{7\times9}=\frac{4}{21}$

④ $\frac{5}{12}\times\frac{4}{15}=\frac{5\times4}{12\times15}=\frac{1}{9}$

⑥ $1\frac{1}{2}\times2\frac{2}{3}=\frac{3}{2}\times\frac{8}{3}=\frac{3\times8}{2\times3}=\frac{4}{1}=4$

③ ① $\frac{7}{8}\times\frac{4}{5}\times\frac{3}{14}=\frac{7\times4\times3}{8\times5\times14}=\frac{3}{20}$

③ $\frac{5}{18}\times\frac{9}{4}\times\frac{8}{5}=\frac{5\times9\times8}{18\times4\times5}=1$

④ ① $6\times\frac{1}{8}=\frac{6}{1}\times\frac{1}{8}=\frac{6\times1}{1\times8}=\frac{3}{4}$

③ $12\times\frac{2}{3}=\frac{12}{1}\times\frac{2}{3}=\frac{12\times2}{1\times3}=\frac{8}{1}=8$

たしかめよう!

①、②、④ $\frac{b}{a}\times\frac{d}{c}=\frac{b\times d}{a\times c}$

42・43ページ 基本のワーク

基本1 $\frac{6}{5}$　　答え $\frac{6}{5}$

① ① $\frac{5}{2}$　② $\frac{7}{6}$　③ $\frac{3}{5}$　④ $\frac{5}{12}$
　⑤ 8　⑥ $\frac{1}{7}$　⑦ $\frac{1}{11}$　⑧ $\frac{3}{10}$

基本2 $\frac{10}{3}$、$\frac{100}{123}$　　答え $\frac{10}{3}$、$\frac{100}{123}$

② ① $\frac{5}{2}$　② $\frac{25}{9}$　③ $\frac{25}{27}$

基本3 32、<、48、>　　答え 軽い、重い

③ ① ○　② ○　③ △　④ △

④ あ、い

てびき

② ① $0.4=\frac{4}{10}=\frac{2}{5}$

② $0.36=\frac{36}{100}=\frac{9}{25}$

③ $1.08=\frac{108}{100}=\frac{27}{25}$

③ ① かける数の$\frac{11}{6}$は1より大きいので、積はかけられる数よりも大きくなります。

③ かける数の$\frac{8}{9}$は1より小さいので、積はかけられる数よりも小さくなります。

44・45ページ 基本のワーク

基本1 ① 35、$\frac{12}{35}$、$\frac{12}{35}$　　答え $\frac{12}{35}$

② $\frac{1}{5}$　　答え $\frac{1}{5}$

① ① $\frac{9}{64}$ m²　② $\frac{2}{21}$ m³

基本2 《1》$\frac{8}{15}$、$\frac{4}{5}$　《2》1、$\frac{4}{5}$　　答え $\frac{4}{5}$

② ① $\frac{4}{5}$　② $\frac{3}{4}$　③ 41　④ 2
　⑤ $\frac{2}{3}$　⑥ $\frac{1}{6}$

てびき

① ① $\frac{3}{8}\times\frac{3}{8}=\frac{9}{64}$（m²）

② $\frac{1}{4}\times\frac{3}{7}\times\frac{8}{9}=\frac{2}{21}$（m³）

② ① $\frac{2}{3}\times\frac{4}{5}\times\frac{3}{2}=\left(\frac{2}{3}\times\frac{3}{2}\right)\times\frac{4}{5}=1\times\frac{4}{5}=\frac{4}{5}$

② $\frac{3}{4}\times\left(\frac{8}{9}\times\frac{9}{8}\right)=\frac{3}{4}\times1=\frac{3}{4}$

③ $\left(\frac{7}{4}+\frac{5}{3}\right)\times12=\frac{7}{4}\times12+\frac{5}{3}\times12$
$=21+20=41$

④ $21\times\left(\frac{2}{3}-\frac{4}{7}\right)=\left(\frac{2}{3}-\frac{4}{7}\right)\times21=\frac{2}{3}\times21-\frac{4}{7}\times21$
$=14-12=2$

⑤ $\frac{1}{4}\times\frac{2}{3}+\frac{3}{4}\times\frac{2}{3}=\left(\frac{1}{4}+\frac{3}{4}\right)\times\frac{2}{3}=1\times\frac{2}{3}=\frac{2}{3}$

⑥ $\frac{9}{8}\times\frac{1}{6}-\frac{1}{8}\times\frac{1}{6}=\left(\frac{9}{8}-\frac{1}{8}\right)\times\frac{1}{6}=1\times\frac{1}{6}=\frac{1}{6}$

46ページ 練習のワーク①

① ① $\frac{3}{56}$　② $\frac{11}{15}$　③ $\frac{8}{9}$　④ $\frac{1}{2}$

② ① $\frac{8}{5}$　② 10

③ ① △　② ○　③ ○　④ ○

④ $\frac{27}{343}$ m³

⑤ ① $\frac{7}{8}$　② $\frac{17}{4}\left(4\frac{1}{4}\right)$

⑥ ① $\frac{8}{21}$ m²　② $\frac{14}{5}$ kg$\left(2\frac{4}{5}$ kg$\right)$

1 ② $\dfrac{2}{5}\times\dfrac{11}{6}=\dfrac{2\times 11}{5\times \underset{3}{6}}=\dfrac{11}{15}$

4 $\dfrac{3}{7}\times\dfrac{3}{7}\times\dfrac{3}{7}=\dfrac{27}{343}$ (m³)

5 ① $\dfrac{3}{4}\times\dfrac{7}{16}+\dfrac{5}{4}\times\dfrac{7}{16}$

$=\left(\dfrac{3}{4}+\dfrac{5}{4}\right)\times\dfrac{7}{16}=\dfrac{8}{4}\times\dfrac{7}{16}=\dfrac{7}{8}$

② $\left(\dfrac{3}{5}+\dfrac{5}{3}\right)\times\dfrac{15}{8}=\dfrac{3}{5}\times\dfrac{15}{8}+\dfrac{5}{3}\times\dfrac{15}{8}$

$=\dfrac{9}{8}+\dfrac{25}{8}=\dfrac{34}{8}=\dfrac{17}{4}$

6 ① $\dfrac{4}{7}\times\dfrac{2}{3}=\dfrac{8}{21}$ (m²)

② $1\dfrac{1}{5}\times 2\dfrac{1}{3}=\dfrac{6}{5}\times\dfrac{7}{3}=\dfrac{14}{5}$ (kg)

---

47 ページ **練習のワーク❷**

❶ ① $\dfrac{4}{27}$　② $\dfrac{7}{12}$　③ $\dfrac{9}{2}\left(4\dfrac{1}{2}\right)$　④ $\dfrac{9}{2}\left(4\dfrac{1}{2}\right)$

❷ ① $\dfrac{3}{8}$　② $\dfrac{1}{4}$

❸ ⓘ、ⓔ

❹ $\dfrac{5}{2}$ m² $\left(2\dfrac{1}{2}\text{m}^2\right)$

❺ ① $\dfrac{200}{3}$ km $\left(66\dfrac{2}{3}\text{km}\right)$　② 20km

❹ 縦 $1\dfrac{1}{4}$ m、横 $\dfrac{5}{6}+1\dfrac{1}{6}$ (m) の１つの
長方形とみて、面積を求めます。

$1\dfrac{1}{4}\times\left(\dfrac{5}{6}+1\dfrac{1}{6}\right)=\dfrac{5}{4}\times 2=\dfrac{5}{2}$ (m²)

❺ ① $\dfrac{25}{3}\times 8=\dfrac{200}{3}$ (km)

② $\dfrac{25}{3}\times\dfrac{12}{5}=20$ (km)

---

48 ページ **まとめのテスト**

1 ① $\dfrac{2}{9}\times\dfrac{4}{9}=\dfrac{8}{81}$

② $2\dfrac{1}{5}\times 1\dfrac{2}{9}=\dfrac{11}{5}\times\dfrac{11}{9}=\dfrac{121}{45}\left(=2\dfrac{31}{45}\right)$

2 ① $\dfrac{1}{7}$　② $\dfrac{3}{4}$　③ 72　④ $\dfrac{1}{14}$

3 ① $\dfrac{7}{9}$　② $\dfrac{2}{5}$

4 ① $\boxed{10}$ (○)　② $\boxed{\dfrac{4}{9}\times\dfrac{9}{8}}$ (○)

5 $\dfrac{9}{4}$ m³ $\left(2\dfrac{1}{4}\text{m}^3\right)$

6 ① $\dfrac{5}{2}\left(2\dfrac{1}{2}\right)$　② 13

7 2dL

てびき

5 $\dfrac{7}{5}\times\dfrac{9}{8}\times\dfrac{10}{7}=\dfrac{\underset{1}{7}\times 9\times\overset{2}{10}}{\underset{1}{5}\times\underset{4}{8}\times\underset{1}{7}}=\dfrac{9}{4}$ (m³)

6 ① $4\dfrac{2}{9}\times\dfrac{5}{8}-\dfrac{2}{9}\times\dfrac{5}{8}$

$=\left(4\dfrac{2}{9}-\dfrac{2}{9}\right)\times\dfrac{5}{8}=4\times\dfrac{5}{8}=\dfrac{5}{2}$

② $\left(\dfrac{1}{4}+\dfrac{5}{6}\right)\times 12=\dfrac{1}{4}\times 12+\dfrac{5}{6}\times 12$

$=3+10=13$

7 $\dfrac{3}{4}\times 2\dfrac{2}{3}=\dfrac{3}{4}\times\dfrac{8}{3}=2$ (dL)

---

49 ページ **学びのワーク**

答❶ 《1》20、20、$\dfrac{1}{3}$、$\dfrac{1}{3}$　《2》4、4、$\dfrac{1}{3}$、$\dfrac{1}{3}$　《3》1　答え $\dfrac{1}{3}$

❶ ① $\dfrac{1}{6}$ 時間　② $\dfrac{2}{3}$ 時間　③ $\dfrac{1}{4}$ 時間

④ $\dfrac{1}{5}$ 時間　⑤ $\dfrac{5}{12}$ 時間　⑥ $\dfrac{3}{4}$ 時間

❷ 式 $60\times\dfrac{2}{5}=24$　　答え 24km

てびき

❶ ① $\dfrac{10}{60}=\dfrac{1}{6}$ (時間)

② $\dfrac{40}{60}=\dfrac{2}{3}$ (時間)

③ $\dfrac{15}{60}=\dfrac{1}{4}$ (時間)

❷ 24分＝ $\dfrac{2}{5}$ 時間です。速さ×時間＝道のりな

ので、進む道のりは、$60\times\dfrac{2}{5}=24$ (km)

---

8 分数のわり算

50・51 ページ **基本のワーク**

答❶ 5、5、$\dfrac{24}{25}$　　答え $\dfrac{24}{25}$

❶ ① $\dfrac{8}{15}$　② $\dfrac{15}{28}$　③ $\dfrac{8}{9}$

答❷ 2、2、$\dfrac{3}{4}$　　答え $\dfrac{3}{4}$

❷ ① $\dfrac{20}{21}$　② $\dfrac{8}{3}\left(2\dfrac{2}{3}\right)$　③ $\dfrac{9}{4}\left(2\dfrac{1}{4}\right)$

④ $\dfrac{1}{3}$　⑤ 6　⑥ 2

答❸ $\dfrac{25}{6}$、$\dfrac{5}{4}\left(1\dfrac{1}{4}\right)$　　答え $\dfrac{5}{4}\left(1\dfrac{1}{4}\right)$

❸ ① $\dfrac{5}{2}\left(2\dfrac{1}{2}\right)$　② $\dfrac{9}{4}\left(2\dfrac{1}{4}\right)$　③ $\dfrac{1}{6}$

④ $\frac{3}{8}$　⑤ 2　⑥ $\frac{3}{4}$

基4 1、1、1、1、5

答え $\frac{18}{5}\left(3\frac{3}{5}\right)$

④ ❶ $\frac{14}{5}\left(2\frac{4}{5}\right)$　❷ $\frac{9}{2}\left(4\frac{1}{2}\right)$　❸ 30

てびき

❷❶ $\frac{5}{6}÷\frac{7}{8}=\frac{5}{6}×\frac{8}{7}=\frac{5×8}{6×7}=\frac{20}{21}$

❸ $\frac{3}{8}÷\frac{1}{6}=\frac{3}{8}×\frac{6}{1}=\frac{3×6}{8×1}=\frac{9}{4}$

❹ $\frac{2}{9}÷\frac{2}{3}=\frac{2}{9}×\frac{3}{2}=\frac{2×3}{9×2}=\frac{1}{3}$

❸❶ $\frac{3}{4}÷\frac{9}{16}×\frac{15}{8}=\frac{3}{4}×\frac{16}{9}×\frac{15}{8}$

$=\frac{3×16×15}{4×9×8}=\frac{5}{2}$

❺ $\frac{4}{7}÷\frac{8}{21}÷\frac{3}{4}=\frac{4}{7}×\frac{21}{8}×\frac{4}{3}=\frac{4×21×4}{7×8×3}=2$

❹❶ $2÷\frac{5}{7}=\frac{2}{1}×\frac{7}{5}=\frac{14}{5}$

❷ $4÷\frac{8}{9}=\frac{4}{1}×\frac{9}{8}=\frac{9}{2}$

たしかめよう!

$\frac{b}{a}÷\frac{d}{c}=\frac{b}{a}×\frac{c}{d}$

52・53ページ 基本のワーク

基1 $\frac{8}{3}$、$\frac{4}{3}$、$\frac{32}{9}$　答え $\frac{32}{9}\left(3\frac{5}{9}\right)$

❶❶ $\frac{48}{25}\left(1\frac{23}{25}\right)$　❷ 2　❸ $\frac{1}{5}$　❹ $\frac{5}{3}\left(1\frac{2}{3}\right)$

基2 2、3、$\frac{2}{3}$　答え $\frac{2}{3}$

❷ 2kg

❸ $\frac{4}{3}$ L$\left(1\frac{1}{3}$ L$\right)$

基3 300、>、200、<　答え 高い、安い

❹❶ △　❷ ○　❸ △

❺ あ、い

基4 10、$\frac{6}{5}\left(1\frac{1}{5}\right)$　答え $\frac{6}{5}\left(1\frac{1}{5}\right)$

❻❶ $\frac{6}{5}\left(1\frac{1}{5}\right)$　❷ $\frac{4}{5}$　❸ $\frac{2}{3}$

てびき

❶❷ $2\frac{1}{3}÷1\frac{1}{6}=\frac{7}{3}÷\frac{7}{6}=\frac{7}{3}×\frac{6}{7}=2$

❷ $\frac{8}{9}÷\frac{4}{9}=\frac{8}{9}×\frac{9}{4}=2$(kg)

❸ $\frac{5}{4}÷\frac{15}{16}=\frac{5}{4}×\frac{16}{15}=\frac{4}{3}$(L)

❻❶ $\frac{4}{7}×2.1=\frac{4}{7}×\frac{21}{10}=\frac{6}{5}$

❷ $0.5÷\frac{5}{8}=\frac{5}{10}×\frac{8}{5}=\frac{4}{5}$

❸ $1\frac{3}{5}÷2.4=\frac{8}{5}÷\frac{24}{10}=\frac{8}{5}×\frac{10}{24}=\frac{2}{3}$

54・55ページ 基本のワーク

基1 ❶ $\frac{1}{24}$、3、4、12　答え 12

❶❶ 18　❷ $\frac{1}{5}$

基2 $\frac{8}{3}$、$\frac{20}{9}\left(2\frac{2}{9}\right)$　答え $\frac{20}{9}\left(2\frac{2}{9}\right)$

❷ $\frac{21}{10}$ 倍$\left(2\frac{1}{10}$ 倍$\right)$

基3 1200　答え 1200

❸ 350mL

基4 $\frac{4}{3}$、200　答え 200

❹ $\frac{5}{48}$ m²

てびき

❶❷ $0.8÷2.4×0.6=\frac{4}{5}÷\frac{12}{5}×\frac{3}{5}$

$=\frac{4}{5}×\frac{5}{12}×\frac{3}{5}=\frac{4×5×3}{5×12×5}=\frac{1}{5}$

❷ $\frac{7}{3}÷\frac{10}{9}=\frac{7}{3}×\frac{9}{10}=\frac{21}{10}$(倍)

❸ $400×\frac{7}{8}=350$(mL)

❹ $\frac{1}{8}÷1\frac{1}{5}=\frac{1}{8}÷\frac{6}{5}=\frac{1}{8}×\frac{5}{6}=\frac{5}{48}$(m²)

56ページ 練習のワーク①

❶❶ $\frac{16}{9}\left(1\frac{7}{9}\right)$　❷ $\frac{5}{9}$　❸ $\frac{35}{9}\left(3\frac{8}{9}\right)$

❹ $\frac{15}{16}$　❺ 21　❻ $\frac{20}{9}\left(2\frac{2}{9}\right)$

❷ $\frac{3}{2}$ kg$\left(1\frac{1}{2}$ kg$\right)$

❸❶ ○　❷ △　❸ △

❹❶ 3　❷ 9

❺❶ 133円　❷ 210円

てびき

❶ ② $\dfrac{5}{12} \div \dfrac{3}{4} = \dfrac{5}{12} \times \dfrac{4}{3} = \dfrac{5 \times 4}{12 \times 3} = \dfrac{5}{9}$

④ $2\dfrac{1}{4} \div 2\dfrac{2}{5} = \dfrac{9}{4} \div \dfrac{12}{5} = \dfrac{9}{4} \times \dfrac{5}{12} = \dfrac{9 \times 5}{4 \times 12} = \dfrac{15}{16}$

⑤ $6 \div \dfrac{2}{7} = \dfrac{6}{1} \div \dfrac{2}{7} = \dfrac{6}{1} \times \dfrac{7}{2} = \dfrac{6 \times 7}{1 \times 2} = 21$

⑥ $1\dfrac{1}{9} \div \dfrac{5}{9} \div 0.9 = \dfrac{10}{9} \div \dfrac{5}{9} \div \dfrac{9}{10}$

$= \dfrac{10}{9} \times \dfrac{9}{5} \times \dfrac{10}{9} = \dfrac{10 \times 9 \times 10}{9 \times 5 \times 9} = \dfrac{20}{9}$

❷ $1\dfrac{1}{8} \div \dfrac{3}{4} = \dfrac{9}{8} \times \dfrac{4}{3} = \dfrac{3}{2}$ (kg)

❹ ① $3.6 \times \dfrac{5}{6} = \dfrac{36}{10} \times \dfrac{5}{6} = \dfrac{18}{5} \times \dfrac{5}{6} = \dfrac{18 \times 5}{5 \times 6} = 3$

② $12 \div 32 \times 24 = 12 \times \dfrac{1}{32} \times 24$

$= \dfrac{12 \times 1 \times 24}{32} = 9$

❺ ① $70 \times 1\dfrac{9}{10} = 70 \times \dfrac{19}{10} = 133$ (円)

② $70 \div \dfrac{1}{3} = \dfrac{70}{1} \times \dfrac{3}{1} = 210$ (円)

57ページ 練習のワーク②

❶ ① $\dfrac{35}{18}\left(1\dfrac{17}{18}\right)$ ② 6 ③ $\dfrac{24}{35}$ ④ 60

⑤ $\dfrac{6}{5}\left(1\dfrac{1}{5}\right)$ ⑥ $\dfrac{3}{8}$ ⑦ $\dfrac{4}{15}$ ⑧ $\dfrac{1}{48}$

❷ 280円

❸ ⑨、え

❹ ① $\dfrac{27}{10}\left(2\dfrac{7}{10}\right)$ ② $\dfrac{5}{4}\left(1\dfrac{1}{4}\right)$

❺ $\dfrac{9}{4}$倍$\left(2\dfrac{1}{4}$倍$\right)$

てびき

❶ ② $\dfrac{9}{4} \div \dfrac{3}{8} = \dfrac{9}{4} \times \dfrac{8}{3} = \dfrac{9 \times 8}{4 \times 3} = 6$

⑤ $3\dfrac{1}{3} \div 2\dfrac{7}{9} = \dfrac{10}{3} \div \dfrac{25}{9} = \dfrac{10}{3} \times \dfrac{9}{25} = \dfrac{10 \times 9}{3 \times 25} = \dfrac{6}{5}$

⑦ $1.2 \div \dfrac{9}{2} = \dfrac{12}{10} \times \dfrac{2}{9} = \dfrac{12 \times 2}{10 \times 9} = \dfrac{4}{15}$

⑧ $\dfrac{2}{3} \div 8 \times 0.25 = \dfrac{2}{3} \div \dfrac{8}{1} \times \dfrac{25}{100}$

$= \dfrac{2}{3} \times \dfrac{1}{8} \times \dfrac{25}{100} = \dfrac{2 \times 1 \times 25}{3 \times 8 \times 100} = \dfrac{1}{48}$

❷ $520 \div \dfrac{13}{7} = \dfrac{520}{1} \times \dfrac{7}{13} = 280$ (円)

❹ ① $3.9 \div \dfrac{13}{9} = \dfrac{39}{10} \div \dfrac{13}{9} = \dfrac{39}{10} \times \dfrac{9}{13} = \dfrac{27}{10}$

② $4.2 \div 2.8 \div 1.2 = \dfrac{42}{10} \div \dfrac{28}{10} \div \dfrac{12}{10}$

$= \dfrac{21}{5} \div \dfrac{14}{5} \div \dfrac{6}{5} = \dfrac{21}{5} \times \dfrac{5}{14} \times \dfrac{5}{6}$

$= \dfrac{21 \times 5 \times 5}{5 \times 14 \times 6} = \dfrac{5}{4}$

❺ $1\dfrac{7}{8} \div \dfrac{5}{6} = \dfrac{15}{8} \times \dfrac{6}{5} = \dfrac{15 \times 6}{8 \times 5} = \dfrac{9}{4}$ (倍)

58ページ まとめのテスト①

❶ ① $\dfrac{5}{9} \div \dfrac{3}{10} = \dfrac{5}{9} \times \dfrac{10}{3} = \dfrac{5 \times 10}{9 \times 3} = \dfrac{50}{27}\left(=1\dfrac{23}{27}\right)$

② $\dfrac{2}{5} \div 5 = \dfrac{2}{5} \div \dfrac{5}{1} = \dfrac{2}{5} \times \dfrac{1}{5} = \dfrac{2}{25}$

❷ ① $\dfrac{15}{14}\left(1\dfrac{1}{14}\right)$ ② $\dfrac{10}{21}$ ③ $\dfrac{3}{4}$

④ 24 ⑤ $\dfrac{36}{25}\left(1\dfrac{11}{25}\right)$ ⑥ $\dfrac{3}{16}$

❸ ① $\boxed{\dfrac{3}{5} \div \dfrac{7}{8}}$ (○) ② $\boxed{\dfrac{9}{4}}$ (○)

❹ $\dfrac{5}{8}$ m

❺ ① $\dfrac{3}{5}$ L ② $\dfrac{20}{21}$ 倍

てびき

❷ ⑤ $1.8 \div 1\dfrac{1}{4} = \dfrac{18}{10} \div \dfrac{5}{4} = \dfrac{18}{10} \times \dfrac{4}{5} = \dfrac{36}{25}$

⑥ $\dfrac{9}{5} \div 4 \div 2.4 = \dfrac{9}{5} \div \dfrac{4}{1} \div \dfrac{24}{10} = \dfrac{9}{5} \times \dfrac{1}{4} \times \dfrac{10}{24} = \dfrac{3}{16}$

❹ 長方形の面積＝縦×横だから、横の長さは、面積÷縦で求められます。

$1\dfrac{9}{16} \div 2\dfrac{1}{2} = \dfrac{25}{16} \div \dfrac{5}{2} = \dfrac{25}{16} \times \dfrac{2}{5} = \dfrac{5}{8}$ (m)

❺ ① $\dfrac{9}{10} \times \dfrac{2}{3} = \dfrac{3}{5}$ (L)

② $\dfrac{6}{7} \div \dfrac{9}{10} = \dfrac{6}{7} \times \dfrac{10}{9} = \dfrac{20}{21}$ (倍)

59ページ まとめのテスト②

❶ ① $\dfrac{5}{6}$ ② $\dfrac{1}{4}$ ③ $\dfrac{8}{15}$ ④ $\dfrac{7}{2}\left(3\dfrac{1}{2}\right)$

⑤ $\dfrac{1}{2}$ ⑥ $\dfrac{20}{9}\left(2\dfrac{2}{9}\right)$

2 1、2、3

3 $\dfrac{243}{35}$ t $\left(6\dfrac{33}{35}$ t$\right)$

4 184人

5 $\dfrac{5}{8}$ 倍

6 $\dfrac{8}{25}$ km

てびき

1 ⑥ $1\dfrac{1}{4} \div 1.5 \times 2\dfrac{2}{3} = \dfrac{5}{4} \div \dfrac{15}{10} \times \dfrac{8}{3}$

$= \dfrac{5}{4} \times \dfrac{10}{15} \times \dfrac{8}{3} = \dfrac{20}{9}$

2 商がわられる数よりも大きくなるのは、わる数が1よりも小さいときなので、$\dfrac{□}{4}$ は $\dfrac{1}{4}$、$\dfrac{2}{4}$、$\dfrac{3}{4}$ となります。

3 1haあたりの米の量は、

$2.7 \div \dfrac{7}{9} = \dfrac{27}{10} \times \dfrac{9}{7} = \dfrac{243}{70}$ (t)だから、

$\dfrac{243}{70} \times 2 = \dfrac{243}{35}$ (t)

4 $207 \times \dfrac{8}{9} = 184$ (人)

5 $\dfrac{2}{5} \div \dfrac{16}{25} = \dfrac{2}{5} \times \dfrac{25}{16} = \dfrac{5}{8}$ (倍)

6 $\dfrac{16}{15} \div \dfrac{10}{3} = \dfrac{16}{15} \times \dfrac{3}{10} = \dfrac{8}{25}$ (km)

9 場合の数

60・61 ページ 基本のワーク

基本1 ⑦ま ⑦さ ⑦ま ⑦6 ⑦6 ⑦6 ⑦6 ⑦24　　答え 24

1 6通り、135、153、315、351、513、531

2 18通り

基本2 ⑦○ ⑦4 ⑦4 ⑦8　　答え 8

3 16通り

4 8通り

基本3 ⑦あ ⑦ゆ ⑦6 ⑦6　　答え 6

5 10通り

6 4通り

てびき

2 ⓪は千の位になることはありません。
右の図のように、千の位が1のとき6通りあり、千の位が2、3のときも同じように6通りあるから、
$6 \times 3 = 18$(通り)

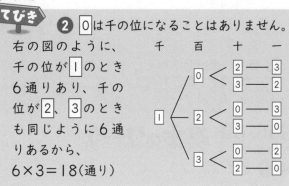

3 1回目がAのとき、右の図のように8通りあり、1回目がBのときも8通りあるので、$8 \times 2 = 16$(通り)

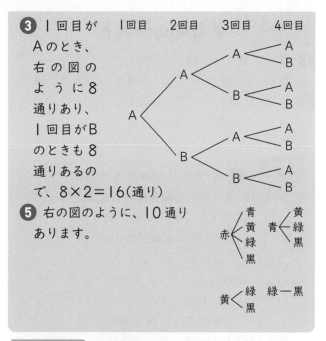

5 右の図のように、10通りあります。

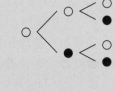

62 ページ 練習のワーク

1 ❶ 24通り ❷ ⑦ 6通り ⑦ 2通り ❸ 8通り

2 ❶ 6通り ❷ 6通り ❸ 6通り

3 10試合

てびき

1 ❶ けんさん→け、ゆかさん→ゆ、さとしさん→さ、まやさん→まとすると、右の図のように、けが1番目のとき6通りあり、他の人が1番目のときも同じように6通りあるので、
$6 \times 4 = 24$(通り)

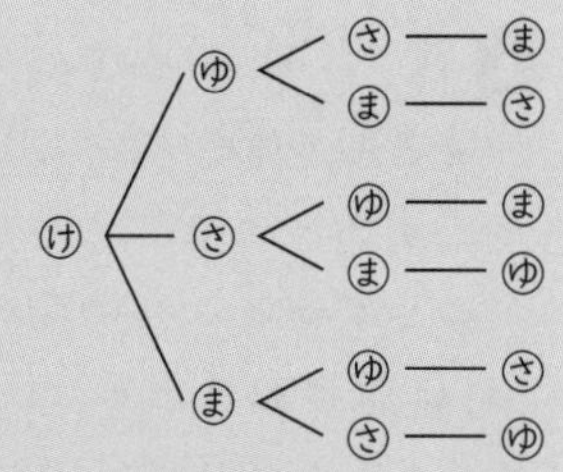

❷ ⑦ 1が百の位のとき2通りあり、2、3が百の位のときも2通りあるので、$2 \times 3 = 6$(通り)

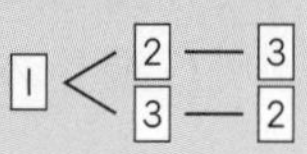

⑦ 一の位が2のときなので、132、312の2通りとなります。

❸ おもてを○、裏を●とすると、右の図のように、1回目が○のとき4通りあり、1回目が●のときも4通りあるので、
$4 \times 2 = 8$(通り)

2 ❶ 右の図のように、6通りあります。

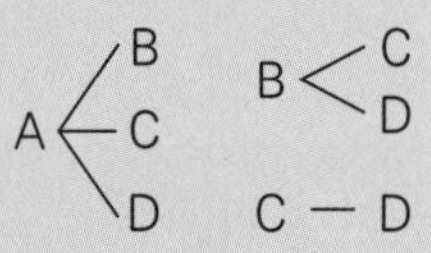

3 右の図のように、10通りあります。

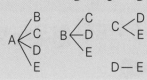

まとめのテスト

1 ① 12通り　② 12通り
　③ ⑦ 16通り　① 10通り　⑦ 12通り
2 ① ⑦ 6通り　① 10試合
　② ⑦ 10通り　① 10通り
　③ 16通り

てびき

1 ② 家から駅までAの道を選ぶとき、家から図書館へ行く方法は、右の図のように4通りあり、B、Cの道のときもそれぞれ4通りあるので、4×3=12(通り)

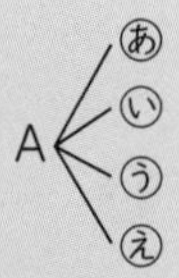

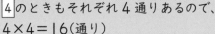

③ ⑦ 右の図のように、十の位が1のとき4通りあり、十の位が2、3、4のときもそれぞれ4通りあるので、4×4=16(通り)

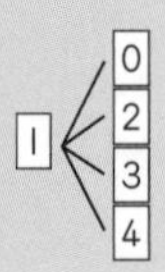

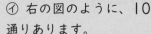

① 右の図のように、10通りあります。

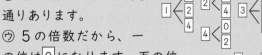

⑦ 5の倍数だから、一の位は0になります。百の位が1のとき、右の図のように3通りあり、百の位が2、3、4のときもそれぞれ3通りあるので、3×4=12(通り)

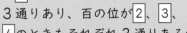

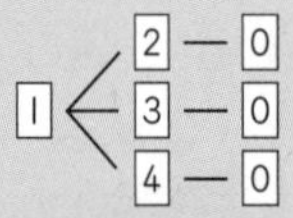

2 ① ① ゆうとさん→ゆ、かなさん→か、つよしさん→つ、まりさん→ま、こうじさん→こ とすると、右の図のように10試合あります。

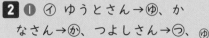

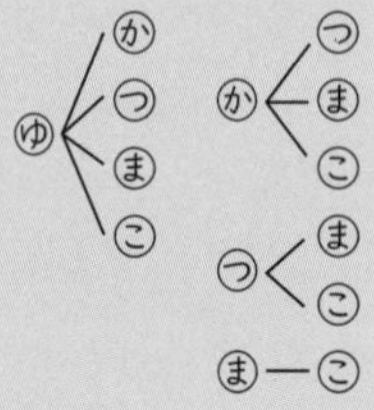

② ① 右の図のように、10通りあります。

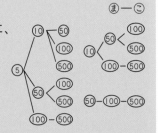

③ おもてを○、裏を●とすると、右の図のように、1回目が○のとき8通りあり、1回目が●のときも8通りあるので、8×2=16(通り)

10 比

基本のワーク

基本1　5　　　　　　　　　　　　答え 5

---

1 ① 8:13　② 11:75
基本2 ① 8　② 4　　　　　答え① 8　② 4
2 ① 2本　② 6本
基本3 ① 5、3　② 10、3
　　　　　答え① 5、3　② 10、3
3 あとえ、いとう
4 AとC
基本4　21、21　　　　　　　答え21
5 ① 4:10、6:15、8:20 など
　② 4:3、40:30、60:45 など

てびき

3 比の値は、あ $4÷6=\frac{2}{3}$、

い $10÷25=\frac{2}{5}$、う $4÷10=\frac{2}{5}$、

え $12÷18=\frac{2}{3}$、お $9÷12=\frac{3}{4}$

4 比の値は、A… $6÷9=\frac{2}{3}$、

B… $10÷12=\frac{5}{6}$、C… $8÷12=\frac{2}{3}$

基本のワーク

基本1　6、16、8、8、8、4　　　　答え4
1 ① 3:4　② 2:7　③ 4:13
2 ① 9:16　② 5:9　③ 2:5
　④ 5:8　⑤ 2:5　⑥ 3:11
基本2 ① 10、10、8
　② 12、21、21、12、7　答え① 8　② 7
3 ① 2:7　② 3:14　③ 1:4
　④ 15:4　⑤ 5:3　⑥ 1:5
4 ① 9:10　② 8:15　③ 5:16
　④ 2:1　⑤ 15:8　⑥ 25:63

てびき

1 ① 6と8の最大公約数は2なので、6:8=(6÷2):(8÷2)=3:4
2 ① 18と32の最大公約数は2なので、18:32=(18÷2):(32÷2)=9:16
3 それぞれの数に10をかけて、整数の比にして考えます。
① 0.2:0.7=(0.2×10):(0.7×10)=2:7
4 分母の最小公倍数を分母にして、通分します。
① $\frac{3}{4}:\frac{5}{6}=\frac{9}{12}:\frac{10}{12}=9:10$

基本のワーク

基本1 《1》20、20、40
　《2》40　　　　　　　　　　答え40
1 ① 24　② 3

❷ 12L

❸ 256人

<u>基本</u>❷ 20、20、60　　　　　　　　　　答え 60

❹ 1000g

<u>基本</u>❸ 4、800、3、600、2、400

答え 800、600、400

❺ 150cm、120cm、90cm

てびき

❶❶ $6:5=x:20$
$x=6×4=24$

❷ $32:24=4:x$　　$x=24÷8=3$

❷ お茶を x L 用意するとすると、
$3:2=18:x$
$x=2×6=12$

❸ ねこを飼っている人を x 人とすると、
$5:8=160:x$
$x=8×32=256$

❹ A のふくろに入れる米の重さを x g とすると、
$5+7=12$ より、$5:12=x:2400$
$x=5×200=1000$

❺ $5+4+3=12$ より、$360×\dfrac{5}{12}=150$(cm)、
$360×\dfrac{4}{12}=120$(cm)、$360×\dfrac{3}{12}=90$(cm)

70ページ 練習のワーク❶

❶ ❶ $15:7$　　❷ $4:9$

❷ あとう

❸ ❶ $5:8$　　❷ $5:4$　　❸ $1:5$
　❹ $12:43$　❺ $5:3$　　❻ $3:1$
　❼ $5:8$　　❽ $9:10$

❹ ❶ 3
　❷ 6

❺ ❶ 30m　　❷ 21個
　❸ A…30個　　B…24個　　C…18個

てびき

❷ 比の値は、あ $2÷5=\dfrac{2}{5}$
い $6÷4=\dfrac{3}{2}$、う $10÷25=\dfrac{2}{5}$、
え $8÷10=\dfrac{4}{5}$

❸ ❸ $0.7:3.5=(0.7×10):(3.5×10)$
$=7:35=1:5$
❻ $1\dfrac{3}{4}:\dfrac{7}{12}=\dfrac{7}{4}:\dfrac{7}{12}=\dfrac{21}{12}:\dfrac{7}{12}=21:7$
$=3:1$
❼ $\dfrac{3}{8}:0.6=\dfrac{3}{8}:\dfrac{6}{10}=\dfrac{15}{40}:\dfrac{24}{40}=15:24$
$=5:8$

❹ ❶ $21:9=7:x$　　$x=9÷3=3$
❷ $30:55=x:11$　　$x=30÷5=6$

---

❺ ❶ 横の長さを x m とすると、$4:5=24:x$
$x=5×6=30$

❷ $3+5=8$ より、A の箱のりんごの個数と全体のりんごの個数の比は $3:8$ になります。A の箱のりんごの個数を x 個とすると、
$3:8=x:56$
$x=3×7=21$

❸ 全体は $5+4+3=12$ とみることができ、A は $72×\dfrac{5}{12}=30$(個)、B は $72×\dfrac{4}{12}=24$(個)、C は $72×\dfrac{3}{12}=18$(個)となります。

71ページ 練習のワーク❷

❶ ❶ $10:3$　　❷ $3:8$

❷ 等しい比 あとえ
　等号 $6:9=24:36$

❸ ❶ $2:3$　　❷ $3:2$　　❸ $1:3$
　❹ $12:5$　　❺ $20:9$　　❻ $9:4$

❹ ❶ 25　　❷ 28　　❸ 2　　❹ 10

❺ ❶ 15人　　❷ 2760人

てびき

❷ 比の値は、あ $6÷9=\dfrac{6}{9}=\dfrac{2}{3}$
い $18÷36=\dfrac{18}{36}=\dfrac{1}{2}$　う $3÷4=\dfrac{3}{4}$
え $24÷36=\dfrac{24}{36}=\dfrac{2}{3}$　お $24÷45=\dfrac{24}{45}=\dfrac{8}{15}$

❸ ❺ $\dfrac{5}{6}:\dfrac{3}{8}=\dfrac{20}{24}:\dfrac{9}{24}=20:9$
❻ $1.5:\dfrac{2}{3}=\dfrac{3}{2}:\dfrac{2}{3}=\dfrac{9}{6}:\dfrac{4}{6}=9:4$

❹ ❶ $5:3=x:15$　　$x=5×5=25$
❷ $2:8=7:x$　　$x=8×\dfrac{7}{2}=28$

❺ ❶ $5:3=25:x$　　$x=3×5=15$
❷ 全体は $2+3=5$ なので、子どもの人数は、
$4600×\dfrac{3}{5}=2760$(人)

72ページ まとめのテスト❶

1 $13:17$

2 あとえ、いとお

3 ❶ $6:23$　　❷ $9:7$　　❸ $9:2$
　❹ $8:11$　　❺ $8:15$　　❻ $1:4$
　❼ $2:5$　　❽ $3:4$　　❾ $7:13$

4 ❶ 49　　❷ 9　　❸ 27

5 30人

6 兄…3500円、妹…2000円

7 A…240枚、B…120枚、C…160枚

15

てびき **5** めがねをかけていない人の人数を x

人とすると、2:5=12:x x=5×6=30

6 兄のおこづかいを x 円とすると、7+4=11

より、7:11=x:5500

x=7×500=3500

妹のおこづかいは、5500−3500=2000（円）

7 6+3+4=13…全体

A は、$520×\dfrac{6}{13}$=240（枚）、

B は、$520×\dfrac{3}{13}$=120（枚）、

C は、$520×\dfrac{4}{13}$=160（枚）

73 ページ まとめのテスト②

1 きとこ

2 ● 3:5　　● 5:8　　● 2:7

● 5:8　　● 1:50　　● 32:15

● 5:9　　● 3:2　　● 24:8:5

3 ● 40　　● 3　　● 1　　● $\dfrac{16}{5}$（3.2）

4 15.5 cm

5 140 枚

6 21 個

てびき **4** $12.4×\dfrac{5}{4}$=15.5（cm）

5 全体の枚数は 4+7=11 となるので、弟が

もらう枚数は、$220×\dfrac{7}{11}$=140（枚）

6 全体の個数は 2+3+1=6 となるので、お

かかのおにぎりの個数は、

$42×\dfrac{3}{6}$=21（個）

11 拡大図と縮図

74・75 ページ 基本のワーク

基本**1** 3、3　　　　答え ⑤

1 ⑩と⑤

2 ⑩、2（倍）

基本**2** ● 2、6、12　　● $\dfrac{1}{3}$、1、2

答え ●
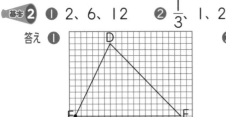
●

3 ●

●

てびき **1** ⑩と⑤は、対応する辺の長さの比

がそれぞれ 2:1 になっています。

2 ⑩は底辺も高さも 2 倍になっています。⑤は

底辺が 2.4 倍で、高さが 4 倍になっています。

76・77 ページ 基本のワーク

基本**1** 3、3、3　　　　答え

1 ●
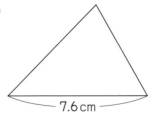
●

基本**2** ● 2、2

● $\dfrac{1}{2}$、$\dfrac{1}{2}$

答え
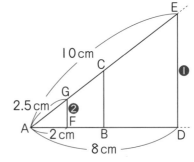

2

❶ ❶ それぞれの辺の長さが 2 倍になるように、三角形をかきます。

❷ それぞれの辺の長さが $\frac{1}{2}$ になるように、三角形をかきます。

❷ ❶ AB、AC、AD の長さをそれぞれ 1.5 倍にした点をかき、直線で結びます。

❷ AB、AC、AD の長さをそれぞれ $\frac{1}{3}$ に縮めた点をかき、直線で結びます。

78・79 ページ 基本のワーク

書き ❶ ❶ 2000　　　　　　　　答え 2000

　　　❷ 20　　　　　　　　　答え 20

❶ ❶ $\frac{1}{6000}$

　❷ 60 m

　❸ 240 m

書き ❷ 5、5、7.5　　　　　　答え 7.5

❷ ❶

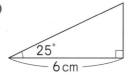

　❷ 29.3 m

❶ ❶ 300 m＝30000 cm を 5 cm

に縮めているので、5÷30000＝$\frac{1}{6000}$

　❷ 1×6000＝6000（cm）

6000 cm＝60 m

　❸ AB の長さは 4 cm だから、

4×6000＝24000（cm）

24000 cm＝240 m

❷ ❶ BC の長さは 60 m＝6000 cm だから、

$\frac{1}{1000}$ の縮図は、6000×$\frac{1}{1000}$＝6（cm）より、BC の長さが 6 cm で、AB と BC の間の角が 25° の三角形になります。

　❷ ❶の縮図から AC に対応する辺の長さは 2.8 cm だから、AC の高さは、

2.8×1000＝2800（cm）

2800 cm＝28 m

ビルの実際の高さは、AC の高さにたけるさんの目の高さをたせばよいので、

28＋1.3＝29.3（m）

80 ページ 練習のワーク

❶ ❶
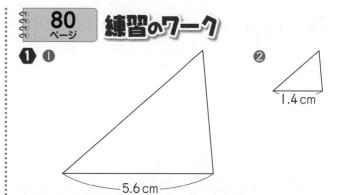

❷

❷ ❶ $\frac{1}{2000}$　　❷ 20 m　　❸ 54 m

❸

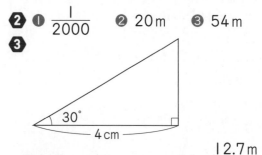

12.7 m

❷ ❶ 50 m＝5000 cm だから、

2.5÷5000＝$\frac{1}{2000}$

　❷ 1×2000＝2000（cm）

2000 cm＝20 m

　❸ BC の長さは 2.7 cm だから、

2.7×2000＝5400（cm）

5400 cm＝54 m

❸ BC の長さは、20 m＝2000 cm だから、

$\frac{1}{500}$ の縮図では、2000×$\frac{1}{500}$＝4（cm）より、BC の長さが 4 cm で、AB と BC の間の角が 30° の三角形になります。

この縮図の AC に対応する長さは 2.3 cm なので、実際の AC の高さは、

2.3×500＝1150（cm）

1150 cm＝11.5 m

電柱の実際の高さは、AC の高さにみちるさんの目の高さをたせばよいので、

11.5＋1.2＝12.7（m）

81 ページ まとめのテスト

❶

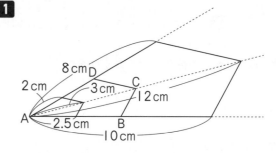

2 ① $\dfrac{1}{5000}$　② 50m
　③ 150m

3 ① $\dfrac{1}{8}$　② 7.2m　③ 16m

2 ① 250m＝25000cm だから、
$5÷25000＝\dfrac{1}{5000}$
② $1×5000＝5000$（cm）
5000cm＝50m
③ AB の長さは 3cm だから、
$3×5000＝15000$（cm）
15000cm＝150m

3 ① 辺BC と辺EF が対応するから、
$1.5÷12＝\dfrac{1}{8}$
② 辺AC と辺DF が対応するから、
$0.9×8＝7.2$（m）
③ $0.9÷9.6＝\dfrac{3}{32}$
$1.5÷\dfrac{3}{32}＝\dfrac{15}{10}×\dfrac{32}{3}＝16$（m）
または、かげは棒の $1.5÷0.9＝\dfrac{5}{3}$（倍）になっ
ているから、$9.6×\dfrac{5}{3}＝16$（m）

---

12 比例と反比例

82・83ページ 基本のワーク

基本1 15、15、15、600　　答え 600
1 ① 比例している。　② 440枚
2 15m
基本2 ㋐ 10　㋑ 5　㋒ $\dfrac{10}{3}$　㋓ $\dfrac{5}{2}$　㋔ 2
㋕ 20　㋖ 30　㋗ 40　㋘ 50　㋙ 60　㋚ 70
　　　　　　　　　　　　　　　　答え ㋑
3 ㋑
基本3 ① 1.4、15、1.4　　答え 1.4、1.4
② 0.4、6、0.4　　答え 0.4、0.4
4 ① x…0.4倍、y…0.4倍
② x…$\dfrac{7}{3}$倍$\left(2\dfrac{1}{3}倍\right)$、y…$\dfrac{7}{3}$倍$\left(2\dfrac{1}{3}倍\right)$

3 ⓐ x と y の和はいつも 158 に
なるので、比例していません。
ⓑ $6×x＝y$ の関係になっています。

x(cm)	1	2	3	4	5
y(cm²)	6	12	18	24	30

x の値が $\dfrac{1}{2}$倍、$\dfrac{1}{3}$倍、$\dfrac{1}{4}$倍、…となると、y の

値も $\dfrac{1}{2}$倍、$\dfrac{1}{3}$倍、$\dfrac{1}{4}$倍、…となっているので、
y は x に比例します。
4 ① $x＝20$ のとき $y＝4$、$x＝50$ のとき
$y＝10$ より、x の値は $20÷50＝0.4$（倍）、
y の値は $4÷10＝0.4$（倍）になります。
② $x＝30$ のとき $y＝6$、$x＝70$ のとき
$y＝14$ より、x の値は $70÷30＝\dfrac{7}{3}$（倍）、
y の値は $14÷6＝\dfrac{7}{3}$（倍）になります。

84・85ページ 基本のワーク

基本1 ① 3.5　　　　　　答え（比例して）いる。
② 80、720　　　　　　　答え 720
③ 80　　　　　　　　　答え 80
1 ① 比例している。
② $y＝20×x$
③ 240
④ 17
基本2 ① 右の図　　答え
② 0　　答え 右の図

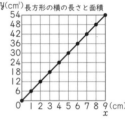
長方形の横の長さと面積

2 ① 右の図
② 56g
③ 104
④ 16

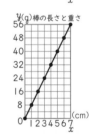
棒の長さと重さ

1 ① y を x でわった商はいつも 20
になっているので、y は x に比例します。
② y を x でわった商 20 が秒速 20m を表し
ているので、$y＝20×x$ となります。
③ $y＝20×12＝240$
④ $340＝20×x$　　$x＝340÷20＝17$
2 ④ $128＝8×x$ より、$x＝128÷8＝16$

86・87ページ 基本のワーク

基本1 ① $\dfrac{1}{2}$　　　　　答え $\dfrac{1}{2}$、$\dfrac{1}{3}$、$\dfrac{1}{4}$
② 反比例　　　　答え（反比例して）いる。
1 ① ㋐ 12　㋑ 8　㋒ 6
㋓ 4.8　㋔ 4
② 反比例している。

答え2 24　　　　　答え $x×y=24(y=24÷x)$

② ❶ $y=36÷x(x×y=36)$　　　**②** 4.5

答え3 ❶ 12、6

答え 右の図

② 答え 右の図

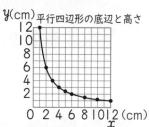

y(cm) 平行四辺形の底辺と高さ

③ ❶ 右の図

② 右の図

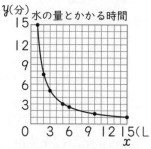

y(分) 水の量とかかる時間

てびき

❶ x の値が 2 倍、3 倍、4 倍、…になると、y の値は $\frac{1}{2}$ 倍、$\frac{1}{3}$ 倍、$\frac{1}{4}$ 倍、…になっています。

② ② $8×y=36$ より、$y=36÷8=4.5$

たしかめよう!

② ❶ y が x に反比例するとき、x と y の関係は $x×y=$ 決まった数、または $y=$ 決まった数 $÷x$ という式で表すことができます。

---

88 ページ　練習のワーク❶

❶ ❶ 比例している。

② $y=3×x$

③ 36

④ 右の図

② ❶ 7.2、6

② 反比例している。　**③** 4

③ ❶ あ　　②え

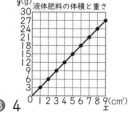

y(g) 液体肥料の体積と重さ

てびき

❶ ② y を x でわった商は、いつも 3 になっています。

③ $y=3×x$ で、$x=12$ のとき、$y=3×12=36$

② ❶ $x×y=36$ になっています。

③ $x×y=36$ で、$x=9$ のとき、$9×y=36$ より、$y=36÷9=4$

③ あ $y=70×x$

い x と y は差が一定の関係です。

う $y=1000-x$

え $y=500÷x$

---

89 ページ　練習のワーク❷

❶ ❶ 80km

② 4 時間

③ A

④ 80km

② ❶ 道のり

② $y=100÷x(x×y=100)$

③ 4

③ ❶ う

② い

てびき

❶ ③ A は 1 時間で 40km、B は 1 時間で 20km 進むので、A の方が速いです。

② ❶ 時速×時間＝道のりとなります。

③ $x×y=100$ で、$x=25$ のとき、$25×y=100$ より、$y=100÷25=4$

③ あ $y=24-x$

い $x×y=40$ なので、$y=40÷x$ です。

う 円周の長さ＝直径×円周率なので、$y=x×3.14(y=3.14×x)$ です。

え $y=x+2$

---

90 ページ　まとめのテスト❶

❶ ❶ あ 2　　い 3　　う 4　　え ÷

② お $\frac{1}{2}$　か $\frac{1}{3}$　き $\frac{1}{4}$　く ×

② ❶ ⑦ 28　　① 36

② $y=8×x$

③ 96

④ 7.5

⑤ 右の図

③ 400g

④ ❶ $y=120÷x(x×y=120)$

② 8　　③ $\frac{40}{3}(13\frac{1}{3})$

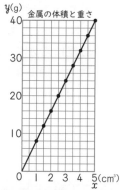

y(g) 金属の体積と重さ

てびき

② ③ $y=8×x$ で、$x=12$ のとき、$y=8×12=96$

④ $y=8×x$ で、$y=60$ のとき、$60=8×x$ より、$x=60÷8=7.5$

③ くぎ 1 本の重さは $80÷32=2.5(g)$ だから、$2.5×160=400(g)$

または、くぎの本数は $160÷32=5(倍)$ となるから、$80×5=400(g)$

④ ❶ 1分間に入れる水の量 × 時間 ＝120 となります。

91ページ まとめのテスト❷

1 比例…あ、反比例…え

2 ❶ $y=16×x$　❷ 112　❸ 9.5

3 30m

4 ❶ ㋐ 4.5　㋑ 3.6　❷ $y=18÷x（x×y=18）$
❸ 1.5　❹ 1.2

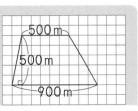
てびき
　2 ❷ $y=16×x$ で、$x=7$ のとき、
$y=16×7=112$
　❸ $y=16×x$ で、$y=152$ のとき、
$152=16×x$ より、$x=152÷16=9.5$
3 針金 1m の重さは、$180÷12=15（g）$
だから、$450÷15=30（m）$
または、重さが $450÷180=2.5（倍）$だから、
$12×2.5=30（m）$
4 ❷ 底面積×高さ＝体積となります。

● プログラミングにちょうせん！

92・93ページ 学びのワーク

基本❶ 答え ❶ 6、9、12、15、18　❷ 3
❶ ❶ 4、6、8、10、12　❷ 2
❷ ❶ 8、12、16、20、24　❷ 4
❸ ❶ $y=4×x$　❷ $y=2×x$

てびき
　❶ x、y がともに 0 の点から、まず
x を 1 だけ動かします。x が 1 のときの y は、
$2×1=2$ です。これより、x が 1、y が 2 の
位置に点をうちます。
　次に、同じように x を 1 だけ動かします。x
が 2 のときの y は、$2×2=4$ です。これより、
x が 2、y が 4 の位置に点をうちます。
　このようにくり返すと、$y=2×x$ のグラフを
かくことができます。

13 およその面積や体積

94ページ 基本のワーク

基本❶ 《1》 25、2550　　　　　答え 2550
　　　《2》 2250　　　　　　　答え 2250
❶ 約 350000m²
❷ 約 18720cm³

てびき　❶ 右の図のよ
うな台形とみると、
$（500＋900）×500÷2$
$=350000（m²）$

❷ 縦 12cm、横 60cm、高さ 26cm の直方体
とみると、$12×60×26=18720（cm³）$

95ページ まとめのテスト

1 ❶ 約 2400m²　❷ 約 34.5km²　❸ 約 282600m²
❹ 約 1000m³　❺ 約 282.6cm³

てびき　**1** ❶ 右の図の
ような三角形とみると、
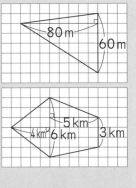
$60×80÷2$
$=2400（m²）$
❷ 右の図のような三角
形と台形を合わせた五角
形とみると、三角形は
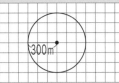
$6×4÷2=12（km²）$
台形は $（3＋6）×5÷2$
$=22.5（km²）$だから、$12＋22.5=34.5（km²）$
❸ 右の図のような円と
みると、
$300×300×3.14$
$=282600（m²）$
❹ このプールの深さは、いちばん浅いところ
の 0.6m といちばん深いところの 1.4m の平
均で、$（0.6＋1.4）÷2=1（m）$とみることがで
きます。
　よって、容積は、$20×50×1=1000（m³）$
❺ このコップの底面の円の直径は、$（7＋5）$
$÷2=6（cm）$とみることができ、半径は、
$6÷2=3（cm）$とみることができます。
　よって、体積は、$3×3×3.14×10=282.6（cm³）$

● 6年間のまとめ

96ページ まとめのテスト❶

1 ❶ 5028　❷ 350　❸ 6.041
❹ 38100206

2 5、6、7、8、9、10、11

3 ❶ 3200　❷ 30000　❸ 7300000
❹ 80000000

4 ❶ 91　❷ 421　❸ 308　❹ 2.2
❺ 0.63　❻ 8.98

5 9.5 以上 10.5 未満

てびき　**5** $\frac{1}{10}$ の位で四捨五入するとき、9.5
未満の場合は、$\frac{1}{10}$ の位が 4 以下になるので、
切り捨てられて 9 になります。

また、10.5 以上のときは、$\frac{1}{10}$ の位が 5 以上になるので、切り上げられて 11 になります。だから、9.5 以上 10.5 未満です。

■ 97 ページ **まとめのテスト❷**

1 ❶ 90　❷ 768　❸ 36186　❹ 22.5
　❺ 33.48　❻ 0.144

2 ❶ 24　❷ 39 あまり 11

3 ❶ 0.65　❷ 2.4

4 ❶ 8 あまり 0.7　❷ 14 あまり 0.4

5 ❶ 16　❷ 5　❸ 17　❹ 19

6 ❶ 8.987　❷ 1.069　❸ 68.8　❹ 25

てびき
5 ❶ $4 \times (12-8) = 4 \times 4 = 16$
❷ $15 - 5 \times 2 = 15 - 10 = 5$
❸ $4 \times 2 + 9 = 8 + 9 = 17$
❹ $2 \times 8 + 12 \div 4 = 16 + 3 = 19$

■ 98 ページ **まとめのテスト❸**

1 ❶ $\frac{4}{5}$, 5　❷ $2\frac{1}{2}$, $\frac{11}{7}$

2 ❶ $\frac{1}{3}$　❷ $\frac{1}{4}$　❸ $\frac{5}{7}$　❹ 5
　❺ $\frac{17}{45}$　❻ $\frac{4}{5}$

3 ❶ $\left(\frac{3}{6}\ \ \frac{2}{6}\right)$　❷ $\left(\frac{4}{6}\ \ \frac{5}{6}\right)$
　❸ $\left(\frac{22}{30}\ \ \frac{27}{30}\right)$　❹ $\left(\frac{15}{24}\ \ \frac{4}{24}\right)$

4 ❶ $\frac{5}{7}$　❷ $\frac{9}{10}$　❸ $\frac{1}{8}$　❹ $\frac{13}{12}\left(1\frac{1}{12}\right)$
　❺ $\frac{1}{3}$　❻ $3\frac{1}{24}\left(\frac{73}{24}\right)$

てびき
4 ❷ $\frac{3}{5} + \frac{3}{10} = \frac{6}{10} + \frac{3}{10} = \frac{9}{10}$
❸ $\frac{3}{8} - \frac{1}{4} = \frac{3}{8} - \frac{2}{8} = \frac{1}{8}$
❹ $\frac{1}{2} + \frac{1}{3} + \frac{1}{4} = \frac{6}{12} + \frac{4}{12} + \frac{3}{12} = \frac{13}{12}$
❺ $2\frac{1}{12} - 1\frac{3}{4} = 2\frac{1}{12} - 1\frac{9}{12} = 1\frac{13}{12} - 1\frac{9}{12}$
$= \frac{4}{12} = \frac{1}{3}$
❻ $3\frac{1}{4} + \frac{2}{3} - \frac{7}{8} = 3\frac{6}{24} + \frac{16}{24} - \frac{21}{24} = 3\frac{1}{24}$

■ 99 ページ **まとめのテスト❹**

1 ❶ 0.5　❷ $\frac{4}{5}$　❸ $\frac{1}{8}$

2 ❶ $\frac{3}{2}$　❷ $\frac{1}{8}$　❸ $\frac{2}{5}$

3 あ、え

4 ❶ $\frac{5}{2}\left(2\frac{1}{2}\right)$　❷ $\frac{1}{12}$　❸ $\frac{1}{6}$　❹ $\frac{1}{24}$
　❺ $\frac{3}{2}\left(1\frac{1}{2}\right)$　❻ $\frac{21}{5}\left(4\frac{1}{5}\right)$
　❼ $\frac{25}{7}\left(3\frac{4}{7}\right)$　❽ $\frac{256}{7}\left(36\frac{4}{7}\right)$
　❾ $\frac{12}{5}\left(2\frac{2}{5}\right)$　❿ $\frac{28}{9}\left(3\frac{1}{9}\right)$

てびき
4 ❺ $\frac{2}{5} \div \frac{4}{15} = \frac{2}{5} \times \frac{15}{4} = \frac{\overset{1}{2} \times \overset{3}{15}}{\underset{1}{5} \times \underset{2}{4}} = \frac{3}{2}$

❽ $48 \div \frac{21}{16} = 48 \times \frac{16}{21} = \frac{48 \times \overset{16}{16}}{\underset{7}{21}} = \frac{256}{7}$

❾ $2\frac{6}{7} \div \frac{10}{9} \times \frac{14}{15} = \frac{20}{7} \times \frac{9}{10} \times \frac{14}{15}$
$= \frac{\overset{2}{20} \times \overset{3}{9} \times \overset{2}{14}}{\underset{1}{7} \times \underset{1}{10} \times \underset{5}{15}} = \frac{12}{5}$

❿ $2.4 \div \frac{12}{25} \div 1\frac{17}{28} = \frac{12}{5} \div \frac{12}{25} \div \frac{45}{28}$
$= \frac{12}{5} \times \frac{25}{12} \times \frac{28}{45} = \frac{\overset{1}{12} \times \overset{5}{25} \times \overset{}{28}}{\underset{1}{5} \times \underset{1}{12} \times \underset{9}{45}}$
$= \frac{28}{9}$

■ 100 ページ **まとめのテスト❺**

1 あ 5 cm　い 6 cm　う 2 cm
　え 3 cm　お 115°　か 65°

2 ❶ 68°　❷ 40°
　❸ 100°　❹ 130°

3 ❶ 平行四辺形　❷ 正方形

4 ❶ 面か　❷ 頂点ウ、頂点ケ

てびき
2 ❷ 二等辺三角形なので、
$(180° - 100°) \div 2 = 40°$
❸ $360° - (80° + 55° + 125°) = 100°$
❹ 4 つの辺の長さが等しいので、ひし形です。
向かい合う角の大きさは等しいので、
$(360° - 50° \times 2) \div 2 = 130°$

3 ❶ 平行四辺形は、2 本の対角線がそれぞれの真ん中の点で交わります。
❷ 正方形は、2 本の対角線の長さが等しく、

それぞれの真ん中の点で、垂直に交わります。

101 ページ まとめのテスト❻

1 ❶ 辺HE　❷ 角G

2 ❶ あ、い、え、か
　　❷ か
　　❸ あ、う、か

3 う、3倍

4 2km

5 ❶ ○　❷ ×　❸ ○

てびき　**1** 点Aと点H、点Bと点E、点Cと点F、点Dと点Gが、それぞれ対応しています。
2 あの対称の軸は4本、いの対称の軸は1本、えの対称の軸は3本です。かは円なので、対称の軸は無数にあります。

102 ページ まとめのテスト❼

1 ❶ 130g　❷ 15m
　　❸ 500m²　❹ 150mL

2 ❶ 0.23　❷ 70、0.7
　　❸ 3400　❹ 2400

3 ❶ 13.5cm²　❷ 144cm²　❸ 60cm²
　　❹ 37.68cm²

4 ❶ 1004.8cm³　❷ 96cm³

てびき　**2** ❶ 1m＝1000mm です。
❷ 1a＝100m²、1ha＝10000m² です。
❹ 1L＝1000cm³ です。

103 ページ まとめのテスト❽

1 10.5個

2 体育館

3 1800km

4 ❶ 5時間　❷ 分速1km

5 ❶ 40％　❷ 0.45　❸ 1.2

6 ❶ 6人　❷ 560人

てびき　**1** (16＋8＋11＋7)÷4＝10.5(個)
2 1人あたりの面積はそれぞれ、
校庭：3600÷140＝25.7…(m²)
体育館：800÷50＝16(m²)
3 900×2＝1800(km)
4 ❷ 1時間＝60分なので、60÷60＝1より、分速1km です。
6 ❶ 40×0.15＝6(人)

❷ 168÷0.3＝560(人)

104 ページ まとめのテスト❾

1 ❶ 5　❷ 8

2 140g

3 ❶ $y＝4.3×x$、○
　　❷ $x×y＝50(y＝50÷x)$、△
　　❸ $y＝180×x$、○
　　❹ $x×y＝300(y＝300÷x)$、△

4 6通り

5 ❶ い　❷ あ　❸ う

6 ❶ 7点　❷ 6.5点

てびき　**5** 変化のようすを表すときは折れ線グラフ、生産高などそれぞれの多さや少なさを表すときは、棒グラフを使います。また、うちわけなど割合を表すときは、帯グラフや円グラフを使います。
6 ❷ 大きさの順に並べたとき、5番目と6番目の点数の平均が中央値になります。

実力判定テスト 答えとてびき・・・・・・・・・・・・・・・・・・・・・

夏休みのテスト①

1 ❶ 50　❷ $\frac{3}{4}$　❸ $\frac{1}{24}$　❹ $\frac{4}{27}$

2 式 $\frac{6}{5}×7=\frac{42}{5}$　　答え $\frac{42}{5}\left(8\frac{2}{5}\right)$km

3 ❶ 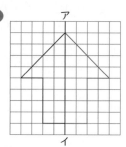　❷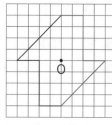

4 ❶ 面積…150.72cm²　　長さ…75.36cm
❷ 面積…30.96cm²　　長さ…37.68cm
❸ 面積…36.48cm²　　長さ…25.12cm

5 ❶ 5.1点　❷ 6点　❸ 5.5点

> **てびき**
> **4** ❶ 面積…8×8×3.14−4×4×
> 3.14=150.72(cm²)
> 長さ…16×3.14+8×3.14=75.36(cm)
> ❷ 面積…12×12−6×6×3.14÷4×4=30.96(cm²)
> 長さ…12×3.14÷4×4=37.68(cm)
> ❸ 面積…8×8×3.14÷4−8×8÷2=18.24
> 18.24×2=36.48(cm²)
> 長さ…16×3.14÷4×2=25.12(cm)
> **5** ❸ 得点の大きさの順に並べると、5番目が5
> 点、6番目が6点だから、(5+6)÷2=5.5(点)

夏休みのテスト②

1 ❶ $\frac{55}{6}\left(9\frac{1}{6}\right)$　❷ 10　❸ $\frac{7}{44}$　❹ $\frac{1}{21}$

2 式 $\frac{12}{5}÷4=\frac{3}{5}$　　答え $\frac{3}{5}$kg

3 ❶ $9×x=y$　❷ $1.2−x=y$　❸ $120÷x=y$

4 ❶ 30cm³　❷ 300cm³　❸ 87.92cm³

5 ❶ 5人
❷ ソフトボール投げの記録

❸ 16%

> **てびき**
> **4** ❶ 4×3÷2×5=30(cm³)
> ❷ (3+7)×5÷2×12=300(cm³)
> ❸ 4×4×3.14÷4×7=87.92(cm³)

冬休みのテスト①

1 ❶ $\frac{1}{3}$　❷ $\frac{7}{3}\left(2\frac{1}{3}\right)$　❸ $\frac{15}{4}\left(3\frac{3}{4}\right)$
❹ $\frac{2}{3}$　❺ $\frac{15}{2}\left(7\frac{1}{2}\right)$　❻ $\frac{3}{4}$

2 ❶ $\frac{1}{9}$　　　　❷ 7

3 式 $\frac{9}{8}×1\frac{1}{3}=\frac{3}{2}$　　答え $\frac{3}{2}\left(1\frac{1}{2}\right)$cm²

4 ❶ 3:4　❷ 3:7
❸ 3:4　❹ 10:3

5 315mL

6 ❶ 6通り　❷ 5通り　❸ 6通り

> **てびき**
> **2** ❶ $\frac{8}{9}×0.75×\frac{1}{6}$
> $=\frac{8}{9}×\frac{3}{4}×\frac{1}{6}=\frac{1}{9}$
> ❷ $\left(\frac{3}{8}−\frac{1}{12}\right)×24=\frac{3}{8}×24−\frac{1}{12}×24$
> $=9−2=7$
> **5** Aの水とうに入るジュースの量は、ジュース
> 全体の量を1とみると、$\frac{7}{16}$ にあたります。
> $720×\frac{7}{16}=315$(mL)

冬休みのテスト②

1 ❶ $\frac{4}{15}$　❷ 1　❸ 1
❹ $\frac{10}{3}\left(3\frac{1}{3}\right)$　❺ $\frac{20}{9}\left(2\frac{2}{9}\right)$　❻ 2

2 ❶ $\frac{13}{15}$　　　　❷ 12

3 式 $\frac{5}{3}÷\frac{10}{9}=\frac{3}{2}$　　答え $\frac{3}{2}\left(1\frac{1}{2}\right)$m

4 ❶ 27　❷ 60
❸ 3　❹ 2

5 78cm

6 ❶ ⑦　❷ ㊤、3倍　❸ ㋑、$\frac{1}{2}$

学年末のテスト①

1 ① $\dfrac{21}{4}\left(5\dfrac{1}{4}\right)$ ② $\dfrac{5}{12}$ ③ $\dfrac{6}{5}\left(1\dfrac{1}{5}\right)$

④ $\dfrac{18}{5}\left(3\dfrac{3}{5}\right)$ ⑤ $\dfrac{1}{3}$ ⑥ $\dfrac{17}{9}\left(1\dfrac{8}{9}\right)$

2 ① 28 ② 24

3 ① 15.48 cm² ② 30.84 cm

4 ① $y=135\times x$ ○ ② $y=200-x$ ×

③ $y=80\div x$ △

5

	① 線対称	② 対称の軸の数(本)	③ 点対称
直角三角形	×	0	×
正三角形	○	3	×
平行四辺形	×	0	○
正方形	○	4	○
正五角形	○	5	×

てびき
2 ① $42:24=7:4=x:16$ より求めます。

② $2:3.2=20:32=5:8=15:x$ より求めます。

3 ① $6\times12-6\times6\times3.14\div4\times2=15.48$(cm²)

② $12\times3.14\div4\times2+6\times2=30.84$(cm)

学年末のテスト②

1 ① $\dfrac{4}{9}$ ② 4 ③ $\dfrac{27}{4}\left(6\dfrac{3}{4}\right)$

④ $\dfrac{2}{9}$ ⑤ $\dfrac{8}{21}$ ⑥ $\dfrac{7}{2}\left(3\dfrac{1}{2}\right)$

2 847.8 cm³

3 ① 260 g ② 水…65 g、食塩…10 g

4 式 $(40+60)\times40\div2=2000$

答え 約 2000 m²

5 ① 46 g

② 上から順に
1、2、3、6、3、
1、16

③ 約 38 %

④ 右の図

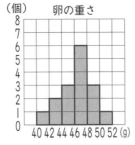
卵の重さ

てびき
2 $(6\times6\times3.14-3\times3\times3.14)$
$\times10=847.8$(cm³)

3 ① $40\times\dfrac{13}{2}=260$(g)

② 食塩水全体の量…$13+2=15$
水…$75\times\dfrac{13}{15}=65$(g) 食塩…$75\times\dfrac{2}{15}=10$(g)

まるごと 文章題テスト①

1 式 $\dfrac{5}{8}\times6=\dfrac{15}{4}$ 答え $\dfrac{15}{4}\left(3\dfrac{3}{4}\right)$kg

2 式 $1\dfrac{1}{2}\times1\dfrac{7}{9}\div2=\dfrac{4}{3}$ 答え $\dfrac{4}{3}\left(1\dfrac{1}{3}\right)$cm²

3 式 $1680\div\dfrac{8}{3}=630$ 答え 630 円

4 ① 式 $\dfrac{7}{9}\div\dfrac{2}{3}=\dfrac{7}{6}$ 答え $\dfrac{7}{6}\left(1\dfrac{1}{6}\right)$倍

② 式 $\dfrac{8}{15}\div\dfrac{7}{9}=\dfrac{24}{35}$ 答え $\dfrac{24}{35}$倍

5 式 $120\times\dfrac{7}{3}=280$ 答え 280 mL

6 式 $28+17=45$
$45\times\dfrac{5}{9}=25$
$28-25=3$ 答え 3 個

7 式 $90\times26=2340$
$2340-1980=360$
$360\div(90-60)=12$ 答え 12 個

8 ① 24 通り ② 4 通り

まるごと 文章題テスト②

1 式 $\dfrac{12}{5}\div8=\dfrac{3}{10}$ 答え $\dfrac{3}{10}$L

2 式 $1\dfrac{1}{3}\times1\dfrac{1}{3}\times1\dfrac{1}{3}=\dfrac{64}{27}$ 答え $\dfrac{64}{27}\left(2\dfrac{10}{27}\right)$cm³

3 式 $\dfrac{9}{8}\div\dfrac{15}{16}=\dfrac{6}{5}$ 答え $\dfrac{6}{5}\left(1\dfrac{1}{5}\right)$倍

4 ① 式 $15\div\dfrac{5}{12}=36$ 答え 36 人

② 式 $36\times\left(1-\dfrac{2}{9}\right)=28$ 答え 28 人

5 式 $350\times\dfrac{5}{14}=125$ 答え 125 mL

6 式 $35\div\left(1-\dfrac{3}{4}\right)=140$
$140\div\left(1-\dfrac{1}{3}\right)=210$ 答え 210 ページ

7 式 $\dfrac{3}{5}\times\dfrac{6}{11}=\dfrac{18}{55}$
$18\div\dfrac{18}{55}=55$ 答え 55 cm

8 ① 6 通り ② 10 通り

てびき
4 ② 別のとき方 メガネをかけている人は、
$36\times\dfrac{2}{9}=8$(人)
メガネをかけていない人は、$36-8=28$(人)

6年

実力アップ

計算 練習ノート

計算力がぐんぐんのびる！

このふろくは
すべての教科書に対応した
全教科書版です。

年	組	名前

「計算練習ノート」はとりはずして使用できます。

1 文字と式

◆ 次の場面で、x（エックス）とy（ワイ）の関係を式に表しましょう。また、表の空らんに、あてはまる数を書きましょう。

1つ5〔100点〕

① １辺の長さが$x$cmの正方形があります。まわりの長さは$y$cmです。

式 □

x（cm）	1	1.8	4.5	ウ
y（cm）	4	ア	イ	44

② x人の子どもに１人３個ずつあめを配りましたが、５個残りました。あめは全部でy個です。

式 □

x（人）	4	ア	イ	9
y（個）	17	23	26	ウ

③ 面積が400cm²の長方形の、縦の長さが$x$cm、横の長さが$y$cmです。

式 □

x（cm）	ア	40	50	60
y（cm）	25	10	イ	ウ

④ 180枚のカードからx枚友だちにあげました。カードの残りはy枚です。

式 □

x（枚）	ア	イ	120	150
y（枚）	170	150	ウ	30

⑤ １冊500円の本と１冊x円のノートを買いました。代金の合計はy円です。

式 □

x（円）	50	120	イ	ウ
y（円）	ア	620	650	750

2 分数と整数のかけ算

時間 20分

得点

/100点

◆ 計算をしましょう。　　　　　　　　　　　　　　　1つ5〔30点〕

① $\dfrac{1}{4} \times 3$

② $\dfrac{2}{7} \times 2$

③ $\dfrac{2}{5} \times 8$

④ $\dfrac{3}{10} \times 3$

⑤ $\dfrac{2}{3} \times 5$

⑥ $\dfrac{1}{9} \times 7$

♥ 計算をしましょう。　　　　　　　　　　　　　　　1つ5〔60点〕

⑦ $\dfrac{3}{8} \times 2$

⑧ $\dfrac{3}{16} \times 4$

⑨ $\dfrac{9}{10} \times 5$

⑩ $\dfrac{5}{42} \times 3$

⑪ $\dfrac{1}{9} \times 6$

⑫ $\dfrac{4}{45} \times 10$

⑬ $\dfrac{7}{8} \times 6$

⑭ $\dfrac{13}{12} \times 9$

⑮ $\dfrac{9}{8} \times 8$

⑯ $\dfrac{5}{4} \times 12$

⑰ $\dfrac{4}{15} \times 60$

⑱ $\dfrac{7}{25} \times 100$

♠ 縦が $\dfrac{8}{3}$ m、横が6mの長方形の形をした花だんがあります。この花だんの面積は何m²ですか。

1つ5〔10点〕

式

答え（　　　　　　　　　）

3

3 分数と整数のわり算

時間 20分

◆ 計算をしましょう。　　　　　　　　　　　　　　　　　　　　　1つ5〔30点〕

① $\dfrac{3}{5} \div 4$

② $\dfrac{2}{3} \div 7$

③ $\dfrac{7}{4} \div 5$

④ $\dfrac{5}{7} \div 7$

⑤ $\dfrac{17}{4} \div 4$

⑥ $\dfrac{1}{6} \div 6$

♥ 計算をしましょう。　　　　　　　　　　　　　　　　　　　　　1つ5〔60点〕

⑦ $\dfrac{8}{9} \div 4$

⑧ $\dfrac{10}{3} \div 2$

⑨ $\dfrac{4}{5} \div 4$

⑩ $\dfrac{7}{12} \div 7$

⑪ $\dfrac{5}{9} \div 10$

⑫ $\dfrac{16}{7} \div 12$

⑬ $\dfrac{20}{9} \div 4$

⑭ $\dfrac{15}{4} \div 12$

⑮ $\dfrac{8}{13} \div 12$

⑯ $\dfrac{39}{5} \div 26$

⑰ $\dfrac{25}{4} \div 100$

⑱ $\dfrac{75}{4} \div 125$

♠ $\dfrac{21}{8}$ mの長さのリボンがあります。このリボンを6人で等しく分けると、1人分の長さは何mになりますか。　　　　　　　　　　　　　　　　1つ5〔10点〕

式

答え（　　　　　　　　　）

4

4 分数のかけ算 (1)

時間 **20**分

◆ 計算をしましょう。

1つ5〔90点〕

① $\dfrac{1}{3} \times \dfrac{4}{5}$

② $\dfrac{2}{5} \times \dfrac{2}{9}$

③ $\dfrac{2}{7} \times \dfrac{3}{5}$

④ $\dfrac{1}{6} \times \dfrac{1}{3}$

⑤ $\dfrac{4}{3} \times \dfrac{5}{9}$

⑥ $\dfrac{3}{7} \times \dfrac{4}{7}$

⑦ $\dfrac{8}{9} \times \dfrac{8}{9}$

⑧ $\dfrac{3}{2} \times \dfrac{5}{4}$

⑨ $\dfrac{7}{4} \times \dfrac{3}{4}$

⑩ $\dfrac{5}{8} \times \dfrac{5}{3}$

⑪ $\dfrac{7}{6} \times \dfrac{5}{2}$

⑫ $\dfrac{3}{4} \times \dfrac{7}{8}$

⑬ $\dfrac{9}{5} \times \dfrac{3}{2}$

⑭ $3 \times \dfrac{3}{4}$

⑮ $6 \times \dfrac{2}{5}$

⑯ $8 \times \dfrac{4}{5}$

⑰ $\dfrac{4}{9} \times 4$

⑱ $\dfrac{1}{8} \times 7$

♥ 縦が $\dfrac{3}{7}$ m、横が $\dfrac{2}{5}$ m の長方形があります。この長方形の面積は何 m² ですか。

式

1つ5〔10点〕

答え（　　　　　　　）

得点

/100点

5 分数のかけ算 (2)

◆ 計算をしましょう。

1つ5〔90点〕

① $\dfrac{5}{8} \times \dfrac{7}{5}$

② $\dfrac{4}{3} \times \dfrac{1}{6}$

③ $\dfrac{6}{7} \times \dfrac{2}{3}$

④ $\dfrac{3}{10} \times \dfrac{5}{4}$

⑤ $\dfrac{7}{8} \times \dfrac{10}{9}$

⑥ $\dfrac{8}{5} \times \dfrac{7}{12}$

⑦ $\dfrac{3}{4} \times \dfrac{4}{9}$

⑧ $\dfrac{7}{10} \times \dfrac{5}{14}$

⑨ $\dfrac{5}{12} \times \dfrac{8}{15}$

⑩ $\dfrac{5}{9} \times \dfrac{3}{20}$

⑪ $\dfrac{9}{10} \times \dfrac{25}{24}$

⑫ $\dfrac{5}{4} \times \dfrac{22}{15}$

⑬ $\dfrac{7}{6} \times \dfrac{18}{7}$

⑭ $\dfrac{5}{8} \times \dfrac{8}{5}$

⑮ $16 \times \dfrac{5}{12}$

⑯ $25 \times \dfrac{8}{35}$

⑰ $\dfrac{3}{8} \times 6$

⑱ $\dfrac{2}{3} \times 9$

♥ 1dLで、かべを $\dfrac{9}{10}$ m² ぬれるペンキがあります。このペンキ $\dfrac{5}{6}$ dL では、かべを
何m² ぬれますか。

1つ5〔10点〕

式

答え（　　　　　　　　　）

6 分数のかけ算 (3)

時間 20分

◆ 計算をしましょう。

1つ6〔90点〕

① $2\dfrac{2}{3} \times \dfrac{2}{5}$

② $1\dfrac{4}{5} \times \dfrac{3}{7}$

③ $2\dfrac{2}{3} \times 1\dfrac{2}{5}$

④ $1\dfrac{2}{9} \times \dfrac{6}{11}$

⑤ $2\dfrac{4}{7} \times \dfrac{10}{9}$

⑥ $\dfrac{4}{9} \times 2\dfrac{2}{5}$

⑦ $\dfrac{7}{6} \times 1\dfrac{13}{14}$

⑧ $3\dfrac{1}{5} \times \dfrac{5}{8}$

⑨ $1\dfrac{7}{8} \times 1\dfrac{1}{9}$

⑩ $1\dfrac{2}{7} \times 5\dfrac{5}{6}$

⑪ $2\dfrac{2}{3} \times 2\dfrac{1}{4}$

⑫ $\dfrac{3}{4} \times \dfrac{7}{6} \times \dfrac{2}{7}$

⑬ $\dfrac{9}{11} \times \dfrac{8}{15} \times \dfrac{11}{12}$

⑭ $\dfrac{3}{5} \times 2\dfrac{4}{9} \times \dfrac{5}{11}$

⑮ $\dfrac{3}{7} \times 6 \times 1\dfrac{5}{9}$

♥ 1mの重さが$\dfrac{3}{4}$kgの金属の棒があります。この棒$2\dfrac{2}{3}$mの重さは何kgですか。

1つ5〔10点〕

式

答え (　　　　　　)

7 分数のかけ算 (4)

時間 **20** 分

得点

/100点

◆ 計算をしましょう。

1つ6〔90点〕

① $\dfrac{3}{4} \times \dfrac{3}{5}$

② $\dfrac{2}{9} \times \dfrac{11}{2}$

③ $\dfrac{5}{12} \times \dfrac{16}{15}$

④ $\dfrac{4}{7} \times \dfrac{5}{12}$

⑤ $\dfrac{8}{15} \times \dfrac{10}{9}$

⑥ $\dfrac{5}{14} \times \dfrac{21}{25}$

⑦ $2\dfrac{4}{7} \times \dfrac{7}{9}$

⑧ $2\dfrac{4}{5} \times \dfrac{9}{7}$

⑨ $\dfrac{4}{9} \times 1\dfrac{5}{12}$

⑩ $\dfrac{14}{5} \times 3\dfrac{3}{4}$

⑪ $1\dfrac{3}{25} \times 1\dfrac{7}{8}$

⑫ $6\dfrac{4}{5} \times 1\dfrac{8}{17}$

⑬ $\dfrac{4}{7} \times \dfrac{5}{12} \times \dfrac{14}{15}$

⑭ $1\dfrac{5}{9} \times \dfrac{8}{21} \times \dfrac{1}{4}$

⑮ $\dfrac{5}{8} \times 1\dfrac{1}{3} \times 1\dfrac{1}{5}$

♥ 底辺の長さが $4\dfrac{2}{5}$ cm、高さが $8\dfrac{3}{4}$ cm の平行四辺形があります。この平行四辺形の面積は何 cm² ですか。

1つ5〔10点〕

式

答え (　　　　　　　)

8 計算のくふう

時間 **20**分

得点

/100点

◆ くふうして計算しましょう。

1つ7〔84点〕

① $\left(\dfrac{1}{2} \times \dfrac{3}{4}\right) \times \dfrac{2}{3}$

② $\left(\dfrac{7}{8} \times \dfrac{5}{9}\right) \times \dfrac{9}{5}$

③ $\left(\dfrac{7}{3} \times 25\right) \times \dfrac{6}{25}$

④ $\left(\dfrac{11}{6} \times \dfrac{7}{12}\right) \times \dfrac{4}{7}$

⑤ $\left(\dfrac{7}{8} + \dfrac{5}{12}\right) \times 24$

⑥ $\left(\dfrac{3}{4} - \dfrac{1}{6}\right) \times \dfrac{12}{5}$

⑦ $\left(\dfrac{9}{8} + \dfrac{27}{40}\right) \times \dfrac{20}{9}$

⑧ $\dfrac{12}{5} \times \left(\dfrac{25}{4} - \dfrac{5}{3}\right)$

⑨ $\dfrac{2}{7} \times 6 + \dfrac{2}{7} \times 8$

⑩ $\dfrac{7}{12} \times 13 - \dfrac{7}{12} \times 11$

⑪ $\dfrac{3}{4} \times \dfrac{6}{7} + \dfrac{6}{7} \times \dfrac{1}{4}$

⑫ $\dfrac{8}{7} \times \dfrac{15}{16} - \dfrac{8}{7} \times \dfrac{1}{16}$

♥ 縦が$\dfrac{11}{13}$m、横が$\dfrac{7}{8}$mの長方形の面積と、縦が$\dfrac{15}{13}$m、横が$\dfrac{7}{8}$mの長方形の面積をあわせると何m²ですか。

1つ8〔16点〕

式

答え（　　　　　）

9 分数のわり算 (1)

◆ 計算をしましょう。

1つ6〔90点〕

① $\dfrac{3}{8} \div \dfrac{4}{5}$

② $\dfrac{1}{7} \div \dfrac{2}{3}$

③ $\dfrac{2}{7} \div \dfrac{3}{5}$

④ $\dfrac{2}{9} \div \dfrac{3}{8}$

⑤ $\dfrac{3}{11} \div \dfrac{4}{5}$

⑥ $\dfrac{4}{5} \div \dfrac{3}{7}$

⑦ $\dfrac{3}{8} \div \dfrac{2}{9}$

⑧ $\dfrac{5}{7} \div \dfrac{2}{3}$

⑨ $\dfrac{4}{3} \div \dfrac{3}{5}$

⑩ $\dfrac{5}{8} \div \dfrac{8}{9}$

⑪ $\dfrac{4}{5} \div \dfrac{5}{6}$

⑫ $\dfrac{1}{4} \div \dfrac{2}{7}$

⑬ $\dfrac{1}{6} \div \dfrac{4}{5}$

⑭ $\dfrac{1}{9} \div \dfrac{3}{8}$

⑮ $\dfrac{6}{7} \div \dfrac{5}{9}$

♥ $\dfrac{4}{5}$ m の重さが $\dfrac{7}{8}$ kg のパイプがあります。このパイプ 1 m の重さは何 kg ですか。

式

1つ5〔10点〕

答え（　　　　　　）

10 分数のわり算 (2)

得点

/100点

◆ 計算をしましょう。

1つ6〔90点〕

① $\dfrac{2}{5} \div \dfrac{4}{7}$

② $\dfrac{3}{10} \div \dfrac{4}{5}$

③ $\dfrac{7}{9} \div \dfrac{14}{17}$

④ $\dfrac{8}{7} \div \dfrac{8}{11}$

⑤ $\dfrac{3}{10} \div \dfrac{7}{10}$

⑥ $\dfrac{5}{4} \div \dfrac{3}{8}$

⑦ $\dfrac{5}{7} \div \dfrac{10}{21}$

⑧ $\dfrac{5}{6} \div \dfrac{10}{9}$

⑨ $\dfrac{9}{8} \div \dfrac{3}{10}$

⑩ $\dfrac{14}{15} \div \dfrac{21}{10}$

⑪ $\dfrac{3}{16} \div \dfrac{9}{8}$

⑫ $\dfrac{5}{6} \div \dfrac{10}{21}$

⑬ $\dfrac{9}{2} \div \dfrac{15}{2}$

⑭ $\dfrac{4}{3} \div \dfrac{14}{9}$

⑮ $\dfrac{21}{8} \div \dfrac{35}{8}$

♥ 面積が $\dfrac{16}{9}$ cm² で底辺の長さが $\dfrac{12}{5}$ cm の平行四辺形があります。この平行四辺形の高さは何cmですか。

1つ5〔10点〕

式

答え（　　　　　　）

11 分数のわり算 (3)

得点

/100点

◆ 計算をしましょう。

1つ6〔90点〕

① $7 \div \dfrac{5}{4}$

② $3 \div \dfrac{5}{7}$

③ $4 \div \dfrac{11}{7}$

④ $6 \div \dfrac{3}{8}$

⑤ $15 \div \dfrac{3}{5}$

⑥ $12 \div \dfrac{10}{7}$

⑦ $8 \div \dfrac{6}{7}$

⑧ $24 \div \dfrac{8}{3}$

⑨ $30 \div \dfrac{5}{6}$

⑩ $\dfrac{7}{9} \div 6$

⑪ $\dfrac{5}{4} \div 4$

⑫ $\dfrac{5}{2} \div 10$

⑬ $\dfrac{9}{4} \div 6$

⑭ $\dfrac{10}{3} \div 15$

⑮ $\dfrac{8}{7} \div 8$

♥ ひろしさんの体重は32kgで、お兄さんの体重の$\dfrac{2}{3}$です。お兄さんの体重は何kgですか。

1つ5〔10点〕

式

答え (　　　　　　　　　)

12 分数のわり算 (4)

時間 **20**分

得点

/100点

◆ 計算をしましょう。

1つ6〔90点〕

① $\dfrac{3}{8} \div 1\dfrac{2}{5}$

② $2\dfrac{1}{2} \div \dfrac{3}{4}$

③ $1\dfrac{2}{9} \div \dfrac{22}{15}$

④ $\dfrac{2}{9} \div 1\dfrac{1}{3}$

⑤ $\dfrac{5}{12} \div 3\dfrac{1}{3}$

⑥ $1\dfrac{2}{5} \div \dfrac{7}{15}$

⑦ $\dfrac{15}{14} \div 2\dfrac{1}{4}$

⑧ $\dfrac{20}{9} \div 1\dfrac{1}{15}$

⑨ $1\dfrac{1}{6} \div 2\dfrac{5}{8}$

⑩ $1\dfrac{1}{3} \div 1\dfrac{1}{9}$

⑪ $2\dfrac{2}{9} \div 1\dfrac{13}{15}$

⑫ $1\dfrac{5}{9} \div 1\dfrac{11}{21}$

⑬ $\dfrac{14}{3} \div 6 \div \dfrac{7}{6}$

⑭ $1 \div \dfrac{13}{12} \div \dfrac{3}{26}$

⑮ $\dfrac{3}{25} \div \dfrac{12}{5} \div \dfrac{15}{16}$

♥ 1dL でかべを $\dfrac{5}{8}$ m²ぬれるペンキがあります。$9\dfrac{3}{8}$ m²のかべをぬるのに、このペンキは何dL必要ですか。

1つ5〔10点〕

式

答え（　　　　　　　）

13 分数のわり算 (5)

◆ 計算をしましょう。

1つ10〔100点〕

① $\dfrac{3}{5} \times \dfrac{10}{13} \div \dfrac{2}{3}$

② $\dfrac{9}{25} \div \dfrac{3}{16} \times \dfrac{5}{12}$

③ $\dfrac{1}{9} \div \dfrac{13}{17} \times \dfrac{39}{34}$

④ $\dfrac{5}{16} \times \dfrac{10}{3} \div \dfrac{5}{12}$

⑤ $\dfrac{7}{2} \div \dfrac{3}{4} \times \dfrac{15}{14}$

⑥ $\dfrac{7}{18} \times \dfrac{6}{5} \div \dfrac{14}{27}$

⑦ $5 \times \dfrac{2}{3} \div \dfrac{4}{9}$

⑧ $\dfrac{12}{5} \div 9 \times \dfrac{15}{16}$

⑨ $1\dfrac{17}{18} \times \dfrac{3}{7} \div \dfrac{5}{14}$

⑩ $2\dfrac{1}{10} \div 1\dfrac{13}{15} \times \dfrac{8}{9}$

14 分数のわり算 ⑹

◆ 計算をしましょう。

1つ6〔90点〕

① $\dfrac{5}{3} \div \dfrac{3}{5}$

② $\dfrac{7}{6} \div \dfrac{4}{5}$

③ $\dfrac{11}{12} \div \dfrac{7}{8}$

④ $\dfrac{8}{15} \div \dfrac{9}{10}$

⑤ $\dfrac{9}{20} \div \dfrac{15}{8}$

⑥ $\dfrac{8}{21} \div \dfrac{12}{7}$

⑦ $15 \div \dfrac{9}{4}$

⑧ $100 \div \dfrac{25}{4}$

⑨ $\dfrac{12}{7} \div 16$

⑩ $\dfrac{5}{6} \div 3\dfrac{3}{4}$

⑪ $2\dfrac{5}{14} \div \dfrac{11}{14}$

⑫ $1\dfrac{7}{8} \div 2\dfrac{1}{4}$

⑬ $2\dfrac{1}{2} \div \dfrac{9}{5} \div \dfrac{5}{6}$

⑭ $\dfrac{1}{7} \div \dfrac{4}{9} \times \dfrac{28}{27}$

⑮ $\dfrac{15}{8} \div 27 \times 1\dfrac{1}{5}$

♥ 長さ $\dfrac{5}{4}$ mの青いリボンと、長さ $\dfrac{5}{6}$ mの赤いリボンがあります。赤いリボンの長さは、青いリボンの長さの何倍ですか。

1つ5〔10点〕

式

答え （　　　　　　　）

15 分数、小数、整数の計算

時間 20分

得点

/100点

◆ 計算をしましょう。

1つ10〔100点〕

① $0.55 \times \dfrac{15}{22}$

② $1.6 \div \dfrac{12}{35}$

③ $\dfrac{2}{3} \times 0.25$

④ $5\dfrac{2}{3} \div 6.8$

⑤ $0.9 \times \dfrac{4}{5} \div 3$

⑥ $\dfrac{8}{3} \div 6 \times 1.8$

⑦ $\dfrac{3}{4} \div 0.375 \div 1\dfrac{1}{5}$

⑧ $0.5 \div \dfrac{9}{10} \times 0.12$

⑨ $4 \div 18 \times 6$

⑩ $0.8 \times 0.9 \div 0.42$

16 円の面積（1）

時間
20分

得点

/100点

◆ 次の円の面積を求めましょう。　　　　　　　　　　　　1つ10〔40点〕

① 半径4cmの円

② 直径10cmの円

（　　　　　　　）　　　　　　　　　　　（　　　　　　　）

③ 円周の長さが37.68cmの円

④ 円周の長さが87.92mの円

（　　　　　　　）　　　　　　　　　　　（　　　　　　　）

♥ 色をぬった部分の面積を求めましょう。　　　　　　　　1つ10〔60点〕

⑤

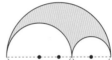

2cm　4cm

⑥

10cm　6cm

（　　　　　　　）　　　　　　　　　　　（　　　　　　　）

⑦

6cm
6cm

⑧

5cm

（　　　　　　　）　　　　　　　　　　　（　　　　　　　）

⑨

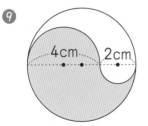

4cm　2cm

⑩

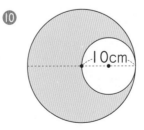

10cm

（　　　　　　　）　　　　　　　　　　　（　　　　　　　）

17 円の面積(2)

◆ 次の円の面積を求めましょう。　　　　　　　　　　　1つ10〔40点〕

① 半径3cmの円

② 直径16mの円

(　　　　　　　)　　　　　　　(　　　　　　　)

③ 円周の長さが43.96mの円

④ 円周の長さが62.8cmの円

(　　　　　　　)　　　　　　　(　　　　　　　)

♥ 色をぬった部分の面積を求めましょう。　　　　　　1つ10〔60点〕

⑤

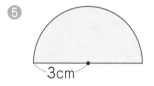

(　　　　　　　)

⑥

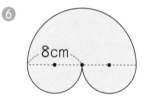

(　　　　　　　)

⑦

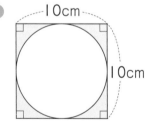

(　　　　　　　)

⑧

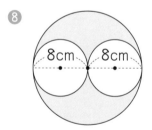

(　　　　　　　)

⑨

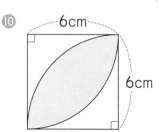

(　　　　　　　)

⑩

6cm
6cm

(　　　　　　　)

18 比 (1)

◆ 比の値を求めましょう。　　　　　　　　　　　　　　　　　　　1つ5〔30点〕

① 7 : 5

② 3 : 12

（　　　　　　　）

（　　　　　　　）

③ 8 : 10

④ 0.9 : 6

（　　　　　　　）

（　　　　　　　）

⑤ 0.84 : 4.2

⑥ $\dfrac{5}{6} : \dfrac{5}{9}$

（　　　　　　　）

（　　　　　　　）

♥ 比を簡単にしましょう。　　　　　　　　　　　　　　　　　　　1つ7〔35点〕

⑦ 49 : 56

⑧ 27 : 63

（　　　　　　　）

（　　　　　　　）

⑨ 1.8 : 1.5

⑩ 4 : 1.6

（　　　　　　　）

（　　　　　　　）

⑪ $\dfrac{2}{3} : \dfrac{14}{15}$

（　　　　　　　）

♠ x の表す数を求めましょう。　　　　　　　　　　　　　　　　1つ7〔35点〕

⑫ 3 : 8 = 18 : x

⑬ 14 : 10 = x : 25

（　　　　　　　）

（　　　　　　　）

⑭ 4.5 : x = 18 : 12

⑮ x : 2 = $\dfrac{1}{4} : \dfrac{15}{8}$

（　　　　　　　）

（　　　　　　　）

⑯ $\dfrac{7}{5}$: 0.6 = x : 15

（　　　　　　　）

 **19** 比 (2)

時間 **20** 分　得点　/100点

◆ 比の値を求めましょう。

1つ5〔30点〕

① 4 : 9

（　　　　　　）

② 15 : 5

（　　　　　　）

③ 14 : 10

（　　　　　　）

④ 2.5 : 7

（　　　　　　）

⑤ 1.4 : 0.06

（　　　　　　）

⑥ $\dfrac{4}{15} : \dfrac{1}{4}$

（　　　　　　）

♥ 比を簡単にしましょう。

1つ7〔35点〕

⑦ 60 : 35

（　　　　　　）

⑧ 350 : 250

（　　　　　　）

⑨ 0.6 : 2.8

（　　　　　　）

⑩ 4.5 : 3

（　　　　　　）

⑪ $\dfrac{1}{6} : 0.125$

（　　　　　　）

♠ x の表す数を求めましょう。

1つ7〔35点〕

⑫ $x : 3 = 80 : 120$

（　　　　　　）

⑬ $12 : 21 = 4 : x$

（　　　　　　）

⑭ $15 : x = 2.5 : 7$

（　　　　　　）

⑮ $\dfrac{4}{13} : \dfrac{12}{13} = x : 3$

（　　　　　　）

⑯ $7 : x = 1.5 : \dfrac{15}{14}$

（　　　　　　）

20 角柱と円柱の体積

◆ 次の立体の体積を求めましょう。　　　　　　　　　　　1つ10〔80点〕

①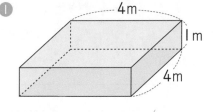
4m　1m　4m

（　　　　　　　　　）

②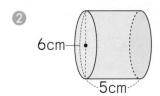
6cm　5cm

（　　　　　　　　　）

③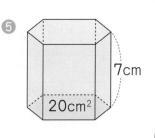
4cm　5cm　6cm　8cm

（　　　　　　　　　）

④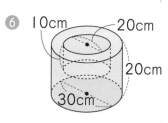
4cm　10cm

（　　　　　　　　　）

⑤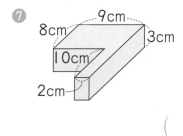
7cm　20cm²

（　　　　　　　　　）

⑥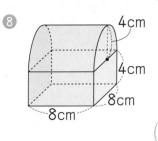
10cm　20cm　20cm　30cm

（　　　　　　　　　）

⑦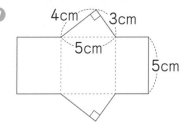
9cm　8cm　3cm　10cm　2cm

（　　　　　　　　　）

⑧
4cm　4cm　8cm　8cm

（　　　　　　　　　）

♥ 下の図はある立体の展開図です。この立体の体積を求めましょう。　　1つ10〔20点〕

⑨
4cm　3cm　5cm　5cm

（　　　　　　　　　）

⑩
2cm　7cm

（　　　　　　　　　）

21 比例と反比例(1)

◆ 次の2つの数量について、x と y の関係を式に表し、y が x に比例しているものには○、反比例しているものには△、どちらでもないものには×を書きましょう。また、表の空らんにあてはまる数を書きましょう。　　　　　　　　1つ3〔90点〕

① 面積が30cm²の三角形の、底辺の長さ$x$cmと高さ$y$cm

式　　　　　　　　　　、

x（cm）	2	㋑	8	㋓
y（cm）㋐		20	㋒	4

② 1mの重さが2kgの鉄の棒の、長さxmと重さ$y$kg

式　　　　　　　　　　、

x（m）㋐		5.6	9	㋓
y（kg）	8	㋑	㋒	24

③ 28Lの水そうに毎分xLずつ水を入れるときの、いっぱいになるまでの時間y分

式　　　　　　　　　　、

x（L）	4	7	㋒	㋓
y（分）㋐		㋑	2.5	2

④ 30gの容器に1個20gのおもりをx個入れたときの、容器全体の重さyg

式　　　　　　　　　　、

x（個）	2	㋑	㋒	9
y（g）㋐		90	130	㋓

⑤ 分速80mで歩くときの、x分間に進んだきょりym

式　　　　　　　　　　、

x（分）㋐		㋑	11	15
y（m）	400	720	㋒	㋓

♥ 100gが250円の肉をxg買ったときの、代金をy円とします。xとyの関係を式に表しましょう。また、yの値が950のときのxの値を求めましょう。　1つ5〔10点〕

式　　　　　　　　　　、

22　比例と反比例 (2)

◆ 1mの値段が80円のテープの長さを x m、代金を y 円とします。　　1つ10〔30点〕

① x と y の関係を、式に表しましょう。

（　　　　　　　　　　　）

② x の値が12のときの y の値を求めましょう。

③ y の値が280のときの x の値を求めましょう。

（　　　　　　　　　）　　　　　　　（　　　　　　　　　）

♥ 時速4.5kmで歩く人が x 時間に進む道のりを y kmとします。　　1つ10〔30点〕

④ x と y の関係を、式に表しましょう。

（　　　　　　　　　　　）

⑤ x の値が2.4のときの y の値を求めましょう。

⑥ y の値が27のときの x の値を求めましょう。

（　　　　　　　　　）　　　　　　　（　　　　　　　　　）

♠ 面積が54cm²の三角形の、底辺の長さを x cm、高さを y cmとします。1つ10〔30点〕

⑦ x と y の関係を、式に表しましょう。

（　　　　　　　　　　　）

⑧ x の値が15のときの y の値を求めましょう。

⑨ y の値が7.5のときの x の値を求めましょう。

（　　　　　　　　　）　　　　　　　（　　　　　　　　　）

♣ 容積が720m³の水そうに水を入れます。1時間に入れる水の量を x m³、いっぱいにするのにかかる時間を y 時間とするとき、x と y の関係を式に表しましょう。また、y の値が2.4のときの x の値を求めましょう。　　1つ5〔10点〕

式	、

23 場合の数 (1)

◆ ③、④、⑤、⑥の4枚のカードがあります。　　　　　　　　　　1つ14〔42点〕

① 2枚のカードで2けたの整数をつくるとき、できる整数は全部で何通りありますか。

（　　　　　　　　）

② 4枚のカードで4けたの整数をつくるとき、できる整数は全部で何通りありますか。

（　　　　　　　　）

③ ②の4けたの整数のうち、奇数は何通りありますか。

（　　　　　　　　）

♥ 5人の中から委員を選びます。　　　　　　　　　　　　　　1つ14〔28点〕

④ 委員長と副委員長を1人ずつ選ぶとき、選び方は全部で何通りですか。

（　　　　　　　　）

⑤ 委員長と副委員長と書記を1人ずつ選ぶとき、選び方は全部で何通りですか。

（　　　　　　　　）

♠ 10円玉を続けて4回投げます。表と裏の出方は全部で何通りですか。　〔15点〕

（　　　　　　　　）

♣ A、Bどちらかの文字を使って、4文字の記号をつくります。できる記号は全部で何通りありますか。　〔15点〕

（　　　　　　　　）

24 場合の数 (2)

時間 20分

◆ 5人の中からそうじ当番を選びます。　　　　　　　　　　　　　1つ14〔28点〕

① そうじ当番を2人選ぶとき、選び方は全部で何通りですか。

（　　　　　　　　　）

② そうじ当番を3人選ぶとき、選び方は全部で何通りですか。

（　　　　　　　　　）

♥ A、B、C、D、E、Fの6チームで野球の試合をします。どのチームもちがうチームと1回ずつ試合をします。　　　　　　　　　　　　　1つ14〔28点〕

③ Aチームがする試合は何試合ありますか。

（　　　　　　　　　）

④ 試合は全部で何試合ありますか。

（　　　　　　　　　）

♠ 1円玉、10円玉、50円玉がそれぞれ2枚ずつあります。　　　　1つ14〔28点〕

⑤ このうち2枚を組み合わせてできる金額を、全部書きましょう。

（　　　　　　　　　　　　　　　　　　　　　　　　　　　　　　）

⑥ このうち3枚を組み合わせてできる金額は、全部で何通りですか。

（　　　　　　　　　）

♣ 赤、青、黄、緑、白の5つの球をA、B2つの箱に入れます。2個をAに入れ、残りをBに入れるとき、球の入れ方は全部で何通りありますか。　　　〔16点〕

（　　　　　　　　　）

●勉強した日　　月　　日

得点

時間 **20**分

/100点

25 場合の数 (3)

◆　次のものは、全部でそれぞれ何通りありますか。　　　　　　　　1つ10〔90点〕

① 大小2つのサイコロを投げて、目の和が10以上になる場合

（　　　　　　）

② ①、②、③、④の4枚のカードの中の3枚を並べてできる3けたの偶数

（　　　　　　）

③ A、B、C、Dの4人の中から、図書委員を2人選ぶ場合

（　　　　　　）

④ 3枚のコインを投げるとき、2枚裏が出る場合

（　　　　　　）

⑤ 3人で1回じゃんけんをするとき、あいこになる場合

（　　　　　　）

⑥ 4人が手をつないで1列に並ぶ場合

（　　　　　　）

⑦ ⓪、②、⑦、⑨の4枚のカードを並べてできる4けたの数

（　　　　　　）

⑧ 5人のうち、3人が歩き、2人が自転車に乗る場合

（　　　　　　）

⑨ 家から学校までの行き方が4通りあるとき、家から学校へ行って帰ってくる場合

（　　　　　　）

♥ 500円玉2個と100円玉2個で買い物をします。おつりが出ないように買える品物の値段は何通りありますか。　　　　　　　　〔10点〕

（　　　　　　）

26

26 量の単位の復習

時間 20分

◆ 次の量を、〔 〕の中の単位で表しましょう。　　　　　　1つ5〔80点〕

① 2.4km〔m〕

(　　　　　　　)

② 74cm〔mm〕

(　　　　　　　)

③ 0.39m〔cm〕

(　　　　　　　)

④ 56000cm〔km〕

(　　　　　　　)

⑤ 0.9dL〔mL〕

(　　　　　　　)

⑥ 2.2m³〔kL〕

(　　　　　　　)

⑦ 4dL〔cm³〕

(　　　　　　　)

⑧ 3.6L〔cm³〕

(　　　　　　　)

⑨ 0.8t〔kg〕

(　　　　　　　)

⑩ 1.2g〔mg〕

(　　　　　　　)

⑪ 0.4kg〔g〕

(　　　　　　　)

⑫ 980g〔kg〕

(　　　　　　　)

⑬ 300a〔ha〕

(　　　　　　　)

⑭ 10000cm²〔a〕

(　　　　　　　)

⑮ 1.5km²〔m²〕

(　　　　　　　)

⑯ 65000m²〔ha〕

(　　　　　　　)

♥ 次の水の量を、〔 〕の中の単位で求めましょう。　　　　　1つ5〔20点〕

⑰ 水5m³の重さ〔kg〕

(　　　　　　　)

⑱ 水25mLの重さ〔g〕

(　　　　　　　)

⑲ 水430gのかさ〔cm³〕

(　　　　　　　)

⑳ 水5.5kgのかさ〔L〕

(　　　　　　　)

27 6年のまとめ (1)

◆ 計算をしましょう。　　　　　　　　　　　　　　　　　　　　1つ5〔60点〕

① $\dfrac{2}{9} \times \dfrac{5}{3}$

② $\dfrac{5}{8} \times \dfrac{3}{2}$

③ $\dfrac{9}{28} \times \dfrac{7}{3}$

④ $\dfrac{15}{8} \times \dfrac{10}{21}$

⑤ $12 \times \dfrac{7}{15}$

⑥ $\dfrac{5}{27} \times 18$

⑦ $2\dfrac{5}{8} \times \dfrac{12}{35}$

⑧ $1\dfrac{5}{6} \times 1\dfrac{1}{11}$

⑨ $\dfrac{2}{15} \times 6 \times \dfrac{10}{9}$

⑩ $\dfrac{4}{7} \times 1\dfrac{1}{8} \times \dfrac{14}{15}$

⑪ $\left(\dfrac{5}{6} - \dfrac{3}{8}\right) \times 24$

⑫ $\dfrac{8}{7} \times \dfrac{4}{11} + \dfrac{6}{7} \times \dfrac{4}{11}$

♥ 比を簡単にしましょう。　　　　　　　　　　　　　　　　　1つ6〔18点〕

⑬ $36 : 81$

⑭ $2 : 3.2$

⑮ $\dfrac{3}{4} : \dfrac{11}{12}$

♠ x の表す数を求めましょう。　　　　　　　　　　　　　　　1つ6〔12点〕

⑯ $10 : 18 = 25 : x$

⑰ $3.5 : x = 21 : 12$

♣ ある小学校の6年生の男子と女子の人数の比は6:7です。6年生の人数が104人のとき、女子の人数は何人ですか。　　　　　　　　　　　　1つ5〔10点〕

式

答え（　　　　　　　　）

28 6年のまとめ (2)

時間 20分

◆ 計算をしましょう。

1つ5〔60点〕

① $\dfrac{5}{7} \div \dfrac{4}{5}$

② $\dfrac{4}{9} \div \dfrac{5}{6}$

③ $\dfrac{4}{15} \div \dfrac{8}{9}$

④ $12 \div \dfrac{4}{5}$

⑤ $8 \div \dfrac{16}{9}$

⑥ $\dfrac{7}{12} \div 1\dfrac{5}{9}$

⑦ $\dfrac{9}{10} \div 3\dfrac{3}{4}$

⑧ $4\dfrac{1}{6} \div 1\dfrac{7}{8}$

⑨ $\dfrac{4}{9} \div \dfrac{5}{6} \times \dfrac{3}{8}$

⑩ $\dfrac{8}{7} \div \dfrac{6}{5} \div \dfrac{4}{21}$

⑪ $1.2 \times \dfrac{7}{8} \div 0.6$

⑫ $1.8 \div \dfrac{4}{5} \div 1.5$

♥ りんご、オレンジ、ぶどう、バナナ、ももの5つの果物が1つずつあります。

1つ10〔20点〕

⑬ けんたさんとあいさんに、果物を1つずつあげるとき、あげ方は全部で何通りありますか。

(　　　　　　　　)

⑭ 3つの果物を選んでかごに入れるとき、選び方は全部で何通りありますか。

(　　　　　　　　)

♠ ある小学校の児童全員の $\dfrac{7}{12}$ にあたる238人が男子です。この小学校の女子の児童の人数は何人ですか。

1つ10〔20点〕

式

答え (　　　　　　　　)

1

① 式 $x \times 4 = y$
　⑦ 7.2　① 18　⑦ 11
② 式 $3 \times x + 5 = y$
　⑦ 6　① 7　⑦ 32
③ 式 $400 \div x = y \ (x \times y = 400)$
　⑦ 16　① 8　⑦ $\dfrac{20}{3}\left(6\dfrac{2}{3}\right)$
④ 式 $180 - x = y$
　⑦ 10　① 30　⑦ 60
⑤ 式 $500 + x = y$
　⑦ 550　① 150　⑦ 250

2

① $\dfrac{3}{4}$　② $\dfrac{4}{7}$　③ $\dfrac{16}{5}\left(3\dfrac{1}{5}\right)$　④ $\dfrac{9}{10}$

⑤ $\dfrac{10}{3}\left(3\dfrac{1}{3}\right)$　⑥ $\dfrac{7}{9}$　⑦ $\dfrac{3}{4}$　⑧ $\dfrac{3}{4}$

⑨ $\dfrac{9}{2}\left(4\dfrac{1}{2}\right)$　⑩ $\dfrac{5}{14}$　⑪ $\dfrac{2}{3}$　⑫ $\dfrac{8}{9}$

⑬ $\dfrac{21}{4}\left(5\dfrac{1}{4}\right)$　⑭ $\dfrac{39}{4}\left(9\dfrac{3}{4}\right)$　⑮ 9

⑯ 15　⑰ 16　⑱ 28

式 $\dfrac{8}{3} \times 6 = 16$　　　答え 16 m²

3

① $\dfrac{3}{20}$　② $\dfrac{2}{21}$　③ $\dfrac{7}{20}$　④ $\dfrac{5}{49}$

⑤ $\dfrac{17}{16}\left(1\dfrac{1}{16}\right)$　⑥ $\dfrac{1}{36}$　⑦ $\dfrac{2}{9}$

⑧ $\dfrac{5}{3}\left(1\dfrac{2}{3}\right)$　⑨ $\dfrac{1}{5}$　⑩ $\dfrac{1}{12}$

⑪ $\dfrac{1}{18}$　⑫ $\dfrac{4}{21}$　⑬ $\dfrac{5}{9}$　⑭ $\dfrac{5}{16}$

⑮ $\dfrac{2}{39}$　⑯ $\dfrac{3}{10}$　⑰ $\dfrac{1}{16}$　⑱ $\dfrac{3}{20}$

式 $\dfrac{21}{8} \div 6 = \dfrac{7}{16}$　　　答え $\dfrac{7}{16}$ m

4

① $\dfrac{4}{15}$　② $\dfrac{4}{45}$　③ $\dfrac{6}{35}$

④ $\dfrac{1}{18}$　⑤ $\dfrac{20}{27}$　⑥ $\dfrac{12}{49}$

⑦ $\dfrac{64}{81}$　⑧ $\dfrac{15}{8}\left(1\dfrac{7}{8}\right)$　⑨ $\dfrac{21}{16}\left(1\dfrac{5}{16}\right)$

⑩ $\dfrac{25}{24}\left(1\dfrac{1}{24}\right)$　⑪ $\dfrac{35}{12}\left(2\dfrac{11}{12}\right)$　⑫ $\dfrac{21}{32}$

⑬ $\dfrac{27}{10}\left(2\dfrac{7}{10}\right)$　⑭ $\dfrac{9}{4}\left(2\dfrac{1}{4}\right)$　⑮ $\dfrac{12}{5}\left(2\dfrac{2}{5}\right)$

⑯ $\dfrac{32}{5}\left(6\dfrac{2}{5}\right)$　⑰ $\dfrac{16}{9}\left(1\dfrac{7}{9}\right)$　⑱ $\dfrac{7}{8}$

式 $\dfrac{3}{7} \times \dfrac{2}{5} = \dfrac{6}{35}$　　　答え $\dfrac{6}{35}$ m²

5

① $\dfrac{7}{8}$　② $\dfrac{2}{9}$　③ $\dfrac{4}{7}$　④ $\dfrac{3}{8}$

⑤ $\dfrac{35}{36}$　⑥ $\dfrac{14}{15}$　⑦ $\dfrac{1}{3}$　⑧ $\dfrac{1}{4}$

⑨ $\dfrac{2}{9}$　⑩ $\dfrac{1}{12}$　⑪ $\dfrac{15}{16}$　⑫ $\dfrac{11}{6}\left(1\dfrac{5}{6}\right)$

⑬ 3　⑭ 1　⑮ $\dfrac{20}{3}\left(6\dfrac{2}{3}\right)$

⑯ $\dfrac{40}{7}\left(5\dfrac{5}{7}\right)$　⑰ $\dfrac{9}{4}\left(2\dfrac{1}{4}\right)$　⑱ 6

式 $\dfrac{9}{10} \times \dfrac{5}{6} = \dfrac{3}{4}$　　　答え $\dfrac{3}{4}$ m²

6

① $\dfrac{16}{15}\left(1\dfrac{1}{15}\right)$　② $\dfrac{27}{35}$　③ $\dfrac{56}{15}\left(3\dfrac{11}{15}\right)$

④ $\dfrac{2}{3}$　⑤ $\dfrac{20}{7}\left(2\dfrac{6}{7}\right)$　⑥ $\dfrac{16}{15}\left(1\dfrac{1}{15}\right)$

⑦ $\dfrac{9}{4}\left(2\dfrac{1}{4}\right)$　⑧ 2　⑨ $\dfrac{25}{12}\left(2\dfrac{1}{12}\right)$

⑩ $\dfrac{15}{2}\left(7\dfrac{1}{2}\right)$　⑪ 6　⑫ $\dfrac{1}{4}$

⑬ $\dfrac{2}{5}$　⑭ $\dfrac{2}{3}$　⑮ 4

式 $\dfrac{3}{4} \times 2\dfrac{2}{3} = 2$　　　答え 2 kg

7

① $\dfrac{9}{20}$　② $\dfrac{11}{9}\left(1\dfrac{2}{9}\right)$　③ $\dfrac{4}{9}$　④ $\dfrac{5}{21}$

⑤ $\dfrac{16}{27}$　⑥ $\dfrac{3}{10}$　⑦ 2　⑧ $\dfrac{18}{5}\left(3\dfrac{3}{5}\right)$

⑨ $\dfrac{17}{27}$　⑩ $\dfrac{21}{2}\left(10\dfrac{1}{2}\right)$　⑪ $\dfrac{21}{10}\left(2\dfrac{1}{10}\right)$

⑫ 10　⑬ $\dfrac{2}{9}$　⑭ $\dfrac{4}{27}$　⑮ 1

式 $4\dfrac{2}{5} \times 8\dfrac{3}{4} = \dfrac{77}{2}$

　　　答え $\dfrac{77}{2}\left(38\dfrac{1}{2}\right)$ cm²

8

① $\dfrac{1}{4}$　② $\dfrac{7}{8}$　③ 14　④ $\dfrac{11}{18}$　⑤ 31

⑥ $\dfrac{7}{5}\left(1\dfrac{2}{5}\right)$　⑦ 4　⑧ 11　⑨ 4

⑩ $\dfrac{7}{6}\left(1\dfrac{1}{6}\right)$　⑪ $\dfrac{6}{7}$　⑫ 1

式 $\dfrac{11}{13} \times \dfrac{7}{8} + \dfrac{15}{13} \times \dfrac{7}{8} = \dfrac{7}{4}$

　　　答え $\dfrac{7}{4}\left(1\dfrac{3}{4}\right)$ m²

9　① $\frac{15}{32}$　② $\frac{3}{14}$　③ $\frac{10}{21}$　④ $\frac{16}{27}$　⑤ $\frac{15}{44}$

⑥ $\frac{28}{15}\left(1\frac{13}{15}\right)$　⑦ $\frac{27}{16}\left(1\frac{11}{16}\right)$　⑧ $\frac{15}{14}\left(1\frac{1}{14}\right)$

⑨ $\frac{20}{9}\left(2\frac{2}{9}\right)$　⑩ $\frac{45}{64}$　⑪ $\frac{24}{25}$　⑫ $\frac{7}{8}$

⑬ $\frac{5}{24}$　⑭ $\frac{8}{27}$　⑮ $\frac{54}{35}\left(1\frac{19}{35}\right)$

式 $\frac{7}{8}\div\frac{4}{5}=\frac{35}{32}$　　　答え $\frac{35}{32}\left(1\frac{3}{32}\right)$ kg

10　① $\frac{7}{10}$　② $\frac{3}{8}$　③ $\frac{17}{18}$　④ $\frac{11}{7}\left(1\frac{4}{7}\right)$

⑤ $\frac{3}{7}$　⑥ $\frac{10}{3}\left(3\frac{1}{3}\right)$　⑦ $\frac{3}{2}\left(1\frac{1}{2}\right)$

⑧ $\frac{3}{4}$　⑨ $\frac{15}{4}\left(3\frac{3}{4}\right)$　⑩ $\frac{4}{9}$　⑪ $\frac{1}{6}$

⑫ $\frac{7}{4}\left(1\frac{3}{4}\right)$　⑬ $\frac{3}{5}$　⑭ $\frac{6}{7}$　⑮ $\frac{3}{5}$

式 $\frac{16}{9}\div\frac{12}{5}=\frac{20}{27}$　　　答え $\frac{20}{27}$ cm

11　① $\frac{28}{5}\left(5\frac{3}{5}\right)$　② $\frac{21}{5}\left(4\frac{1}{5}\right)$　③ $\frac{28}{11}\left(2\frac{6}{11}\right)$

④ 16　⑤ 25　⑥ $\frac{42}{5}\left(8\frac{2}{5}\right)$

⑦ $\frac{28}{3}\left(9\frac{1}{3}\right)$　⑧ 9　⑨ 36　⑩ $\frac{7}{54}$

⑪ $\frac{5}{16}$　⑫ $\frac{1}{4}$　⑬ $\frac{3}{8}$　⑭ $\frac{2}{9}$　⑮ $\frac{1}{7}$

式 $32\div\frac{2}{3}=48$　　　答え 48 kg

12　① $\frac{15}{56}$　② $\frac{10}{3}\left(3\frac{1}{3}\right)$　③ $\frac{5}{6}$　④ $\frac{1}{6}$

⑤ $\frac{1}{8}$　⑥ 3　⑦ $\frac{10}{21}$　⑧ $\frac{25}{12}\left(2\frac{1}{12}\right)$

⑨ $\frac{4}{9}$　⑩ $\frac{6}{5}\left(1\frac{1}{5}\right)$　⑪ $\frac{25}{21}\left(1\frac{4}{21}\right)$

⑫ $\frac{49}{48}\left(1\frac{1}{48}\right)$　⑬ $\frac{2}{3}$　⑭ 8　⑮ $\frac{4}{75}$

式 $9\frac{3}{8}\div\frac{5}{8}=15$　　　答え 15 dL

13　① $\frac{9}{13}$　② $\frac{4}{5}$　③ $\frac{1}{6}$　④ $\frac{5}{2}\left(2\frac{1}{2}\right)$

⑤ 5　⑥ $\frac{9}{10}$　⑦ $\frac{15}{2}\left(7\frac{1}{2}\right)$

⑧ $\frac{1}{4}$　⑨ $\frac{7}{3}\left(2\frac{1}{3}\right)$　⑩ 1

14　① $\frac{25}{9}\left(2\frac{7}{9}\right)$　② $\frac{35}{24}\left(1\frac{11}{24}\right)$　③ $\frac{22}{21}\left(1\frac{1}{21}\right)$

④ $\frac{16}{27}$　⑤ $\frac{6}{25}$　⑥ $\frac{2}{9}$　⑦ $\frac{20}{3}\left(6\frac{2}{3}\right)$

⑧ 16　⑨ $\frac{3}{28}$　⑩ $\frac{2}{9}$　⑪ 3

⑫ $\frac{5}{6}$　⑬ $\frac{5}{3}\left(1\frac{2}{3}\right)$　⑭ $\frac{1}{3}$　⑮ $\frac{1}{12}$

式 $\frac{5}{6}\div\frac{5}{4}=\frac{2}{3}$　　　答え $\frac{2}{3}$ 倍

15　① $\frac{3}{8}$　② $\frac{14}{3}\left(4\frac{2}{3}\right)$　③ $\frac{1}{6}$　④ $\frac{5}{6}$

⑤ $\frac{6}{25}$　⑥ $\frac{4}{5}$　⑦ $\frac{5}{3}\left(1\frac{2}{3}\right)$　⑧ $\frac{1}{15}$

⑨ $\frac{4}{3}\left(1\frac{1}{3}\right)$　⑩ $\frac{12}{7}\left(1\frac{5}{7}\right)$

16　① 50.24 cm²　② 78.5 cm²

③ 113.04 cm²　④ 615.44 m²

⑤ 12.56 cm²　⑥ 47.1 cm²

⑦ 28.26 cm²　⑧ 28.5 cm²

⑨ 18.84 cm²　⑩ 235.5 cm²

17　① 28.26 cm²　② 200.96 m²

③ 153.86 m²　④ 314 cm²

⑤ 14.13 cm²　⑥ 150.72 cm²

⑦ 21.5 cm²　⑧ 100.48 cm²

⑨ 30.96 cm²　⑩ 20.52 cm²

18　① $\frac{7}{5}$　② $\frac{1}{4}$　③ $\frac{4}{5}$

④ $\frac{3}{20}$　⑤ $\frac{1}{5}$　⑥ $\frac{3}{2}$

⑦ 7:8　⑧ 3:7　⑨ 6:5

⑩ 5:2　⑪ 5:7　⑫ 48

⑬ 35　⑭ 3　⑮ $\frac{4}{15}$　⑯ 35

19　① $\frac{4}{9}$　② 3　③ $\frac{7}{5}$　④ $\frac{5}{14}$

⑤ $\frac{70}{3}$　⑥ $\frac{16}{15}$　⑦ 12:7

⑧ 7:5　⑨ 3:14　⑩ 3:2

⑪ 4:3　⑫ 2　⑬ 7

⑭ 42　⑮ 1　⑯ 5

20 ① $16\,\text{m}^3$　② $141.3\,\text{cm}^3$
③ $180\,\text{cm}^3$　④ $125.6\,\text{cm}^3$
⑤ $140\,\text{cm}^3$　⑥ $10990\,\text{cm}^3$
⑦ $276\,\text{cm}^3$　⑧ $456.96\,\text{cm}^3$
⑨ $30\,\text{cm}^3$　⑩ $21.98\,\text{cm}^3$

21 ① 式 $y=60\div x\,(x\times y\div 2=30)$、△
　㋐ 30　㋑ 3　㋒ 7.5　㋓ 15
② 式 $y=2\times x$、○
　㋐ 4　㋑ 11.2　㋒ 18　㋓ 12
③ 式 $y=28\div x$、△
　㋐ 7　㋑ 4　㋒ 11.2　㋓ 14
④ 式 $y=30+20\times x$、×
　㋐ 70　㋑ 3　㋒ 5　㋓ 210
⑤ 式 $y=80\times x$、○
　㋐ 5　㋑ 9　㋒ 880　㋓ 1200
式 $y=2.5\times x$、380

22 ① $y=80\times x$
② 960
③ 3.5
④ $y=4.5\times x$
⑤ 10.8
⑥ 6
⑦ $y=108\div x\,(x\times y\div 2=54)$
⑧ 7.2
⑨ 14.4
式 $y=720\div x$、300

23 ① 12通り　② 24通り　③ 12通り
④ 20通り　⑤ 60通り
16通り
16通り

24 ① 10通り　　② 10通り
③ 5試合　　④ 15試合
⑤ 2円、11円、20円、51円、
　60円、100円
⑥ 7通り
10通り

25 ① 6通り　② 12通り　③ 6通り
④ 3通り　⑤ 9通り　⑥ 24通り
⑦ 18通り　⑧ 10通り　⑨ 16通り
8通り

26 ① 2400m　　② 740mm
③ 39cm　　④ 0.56km
⑤ 90mL　　⑥ 2.2kL
⑦ $400\,\text{cm}^3$　⑧ $3600\,\text{cm}^3$
⑨ 800kg　　⑩ 1200mg
⑪ 400g　　⑫ 0.98kg
⑬ 3ha　　⑭ 0.01a
⑮ $1500000\,\text{m}^2$　⑯ 6.5ha
⑰ 5000kg　　⑱ 25g
⑲ $430\,\text{cm}^3$　⑳ 5.5L

27 ① $\dfrac{10}{27}$　② $\dfrac{15}{16}$　③ $\dfrac{3}{4}$
④ $\dfrac{25}{28}$　⑤ $\dfrac{28}{5}\left(5\dfrac{3}{5}\right)$　⑥ $\dfrac{10}{3}\left(3\dfrac{1}{3}\right)$
⑦ $\dfrac{9}{10}$　⑧ 2　⑨ $\dfrac{8}{9}$
⑩ $\dfrac{3}{5}$　⑪ 11　⑫ $\dfrac{8}{11}$
⑬ 4:9　⑭ 5:8　⑮ 9:11
⑯ 45　⑰ 2
式 $104\times\dfrac{7}{13}=56$　　答え 56人

28 ① $\dfrac{25}{28}$　② $\dfrac{8}{15}$　③ $\dfrac{3}{10}$　④ 15
⑤ $\dfrac{9}{2}\left(4\dfrac{1}{2}\right)$　⑥ $\dfrac{3}{8}$　⑦ $\dfrac{6}{25}$
⑧ $\dfrac{20}{9}\left(2\dfrac{2}{9}\right)$　⑨ $\dfrac{1}{5}$　⑩ 5
⑪ $\dfrac{7}{4}\left(1\dfrac{3}{4}\right)$　⑫ $\dfrac{3}{2}\left(1\dfrac{1}{2}\right)$
⑬ 20通り　　⑭ 10通り
式 $238\div\dfrac{7}{12}=408$
　$408-238=170$

答え 170人

「小学教科書ワーク・
数と計算」で、
さらに練習しよう！

わくわくシール

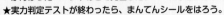

★学習が終わったら、ページの上に好きなふせんシールをはろう。
　がんばったページやあとで見直したいページなどにはってもいいよ。
★実力判定テストが終わったら、まんてんシールをはろう。